库尔勒香梨水肥精准调控与技术应用

KUERLE XIANGLI SHUIFEI JINGZHUN TIAOKONG
YU JISHU YINGYONG

支金虎　包建平　郑强卿　\　编著

兰州大学出版社
LANZHOU UNIVERSITY PRESS

图书在版编目（CIP）数据

库尔勒香梨水肥精准调控与技术应用 / 支金虎，包
建平，郑强卿编著. -- 兰州 : 兰州大学出版社，2023.5
ISBN 978-7-311-06493-8

Ⅰ. ①库… Ⅱ. ①支… ②包… ③郑… Ⅲ. ①梨—肥
水管理 Ⅳ. ①S661.2

中国国家版本馆CIP数据核字(2023)第100677号

责任编辑　米宝琴
封面设计　汪如祥

书　　名	**库尔勒香梨水肥精准调控与技术应用**	
作　　者	支金虎　包建平　郑强卿　编著	
出版发行	兰州大学出版社　（地址:兰州市天水南路222号　730000）	
电　　话	0931-8912613(总编办公室)　0931-8617156(营销中心)	
网　　址	http://press.lzu.edu.cn	
电子信箱	press@lzu.edu.cn	
印　　刷	兰州银声印务有限公司	
开　　本	710 mm×1020 mm　1/16	
印　　张	10(插页16)	
字　　数	183千	
版　　次	2023年5月第1版	
印　　次	2023年5月第1次印刷	
书　　号	ISBN 978-7-311-06493-8	
定　　价	28.00元	

彩图1

 彩图2

彩图3

彩图 4

彩图 5

彩图 6

沟灌

滴灌

3-1

3-2

3-3

彩图7

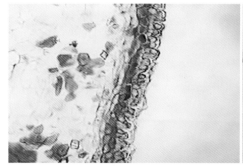 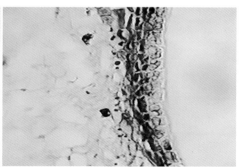

宿萼果果皮结构　　　　　　　　　　　脱萼果果皮结构

彩图8

彩图9

彩图10

彩图 11　　　　　　　　彩图 12　　　　　　　　彩图 13

彩图 14

彩图 15

彩图 16

彩图 17

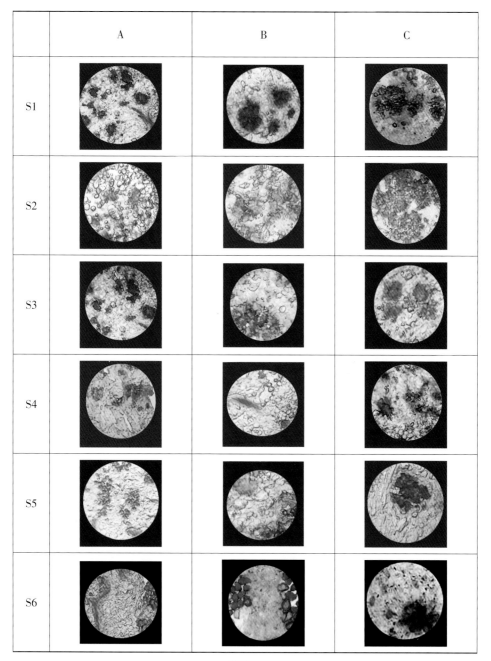

彩图18

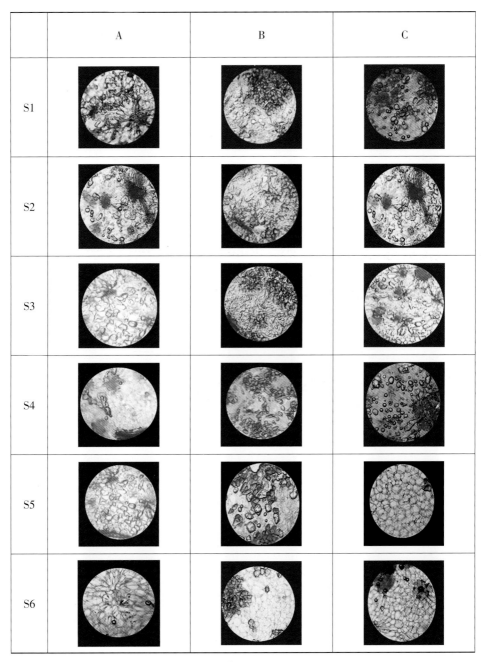

彩图 19

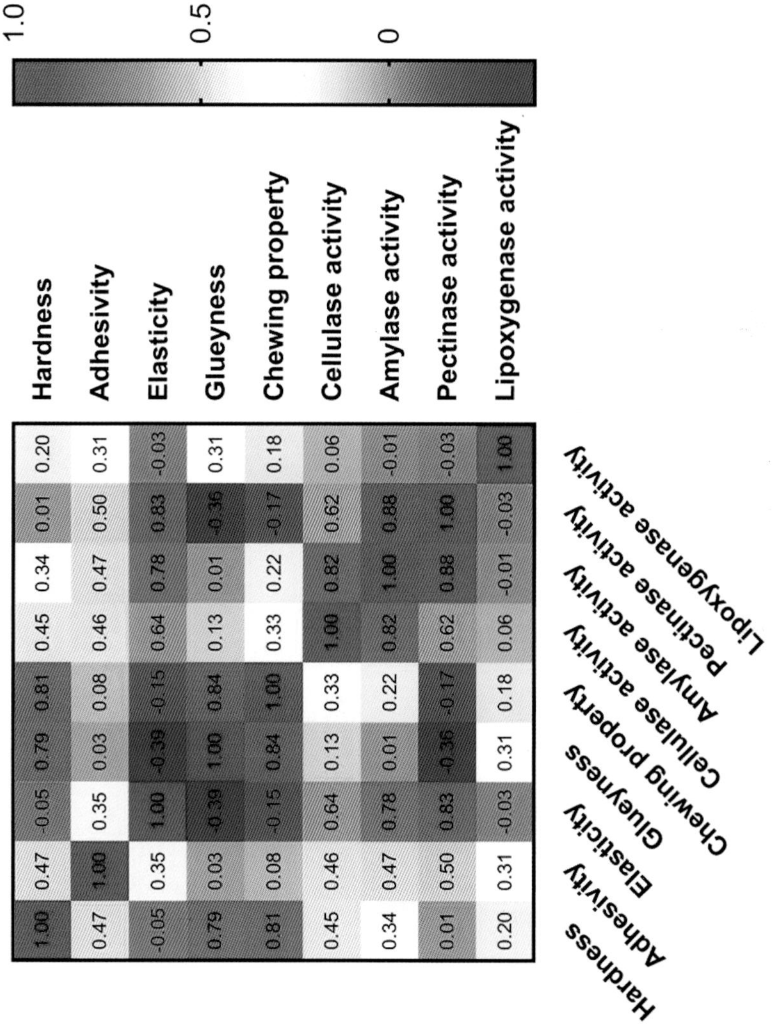

	Hardness	Adhesivity	Elasticity	Glueyness	Chewing property	Cellulase activity	Amylase activity	Pectinase activity	Lipoxygenase activity
Hardness	1.00	0.47	-0.05	0.79	0.81	0.45	0.34	0.01	0.20
Adhesivity	0.47	1.00	0.35	0.03	0.08	0.46	0.47	0.50	0.31
Elasticity	-0.05	0.35	1.00	-0.39	-0.15	0.64	0.78	0.83	-0.03
Glueyness	0.79	0.03	-0.39	1.00	0.84	0.13	0.01	-0.36	0.31
Chewing property	0.81	0.08	-0.15	0.84	1.00	0.33	0.22	-0.17	0.18
Cellulase activity	0.45	0.46	0.64	0.13	0.33	1.00	0.82	0.62	0.06
Amylase activity	0.34	0.47	0.78	0.01	0.22	0.82	1.00	0.88	-0.01
Pectinase activity	0.01	0.50	0.83	-0.36	-0.17	0.62	0.88	1.00	-0.03
Lipoxygenase activity	0.20	0.31	-0.03	0.31	0.18	0.06	-0.01	-0.03	1.00

1.0

0.5

0

彩图 22

彩图23

彩图24

前　言

　　库尔勒香梨属于蔷薇科梨属，是新疆梨和西洋梨的自然杂交后代，也是新疆的主栽品种，以皮薄、肉脆、汁多、味甜、酥香等特点远近闻名。库尔勒香梨主要种植在库尔勒地区，阿克苏地区，喀什地区，新疆生产建设兵团一师、二师和三师等。为解决库尔勒香梨栽培过程中的技术问题，进一步推广梨产业，我们编写了本书。参加本书编写的人员有支金虎、包建平、郑强卿、于四海、王新泉等。

　　由于"丰水高产"理论的影响，目前我国梨树种植普遍采取超量灌溉方式，这导致梨园发生严重的水分渗漏与肥料淋溶现象。随着库尔勒香梨种植面积的不断增加，其种植过程中化肥的使用量和使用频率也呈现不断上升的趋势。近年来，农户在追求库尔勒香梨单位面积产量最大化的目标下，化肥的使用总量不断增加，这造成土壤有机肥缺乏，土壤基础地力下降和理化性质变差，库尔勒香梨树体缺乏营养，最终导致其抗病能力下降。因此，水肥运筹失衡已成为库尔勒香梨持续、高效发展的主要制约因素。

　　本书介绍了库尔勒香梨施肥的理论依据，明确了施肥的一般原理和施肥原则，同时理论联系实际，从实践出发，较详细地叙述了库尔勒香梨的施肥时期及用量等。肥料种类繁多，分类标准各异，为方便辨识，本书还对肥料的分类方法、不同肥料的作用进行了详细的阐述，并着重讲述了树体营养与施肥的相关性，突出阐明了库尔勒香梨的施肥特点。

全书共分为四章，内容涉及库尔勒香梨树的生物学特性等相关内容，如库尔勒香梨树根系的功能，树冠、枝芽特性，花芽分化与开花结果习性；肥料的分类方法，不同肥料的介绍；施肥的原因、一般性原理、基本原则、基本依据以及主要施肥方法；库尔勒香梨树的营养特性及施肥技术。这些内容以库尔勒香梨栽培过程中的生长特性及施肥管理技术为出发点，丰富了库尔勒香梨的具体栽培管理技术，为库尔勒香梨栽培管理工作提供了重要理论基础。

当前，科学技术发展迅速，由于我们编写时间短促及认识水平有限，难免还有不够完善和错误的地方，希望各位读者谅解，并对本书提出宝贵意见，使本书内容不断完善和提高。

编 者

目 录

第一章　库尔勒香梨树的生物学特性

我国是梨属植物中心发源地之一，亚洲梨属的梨大都源于亚洲东部，日本和朝鲜也是亚洲梨的原始产地；国内栽培的白梨、砂梨、秋子梨都原产于我国。我国梨产量最多的省是河北、山东、辽宁、江苏、四川、云南等。库尔勒香梨属于蔷薇科梨属，其原产于新疆南疆，主要种植在库尔勒地区，阿克苏地区，喀什地区，新疆生产建设兵团一师、二师和三师等。

库尔勒香梨主要供鲜食，肉脆多汁，酸甜可口，风味芳香。其富含糖、蛋白质、脂肪、碳水化合物及多种维生素，对人体健康有重要作用。

库尔勒香梨还可以加工制作成梨干、梨脯、梨膏、梨汁、梨罐头等，也可用来酿酒、制醋。其果实还有医用价值，可助消化、润肺清心、消痰止咳、退热、解毒疮，还有利尿、润便的作用。梨木细致，软硬适度，是雕刻印章和高级家具的原料。

库尔勒香梨具有降低血压、养阴清热的功效，患高血压、心脏病、肝炎、肝硬化的病人，经常吃库尔勒香梨大有益处，能促进食欲，帮助消化，并有通便和解热作用，可用于高热时补充水分和营养。食用煮熟的库尔勒香梨有助于肾脏排泄尿酸。

本章主要介绍库尔勒香梨树根系的生长习性、根系主要分布在土壤中的位置、根系在什么时候开始生长及根系适宜生长的温度等。

第一节　根系

一、根系的功能

根系是植物体从土壤获取水分和养分的重要器官，是植物生长的根本；根系的空间分布特征决定了植被与土壤环境之间的作用面的大小，植物体对土壤养分和水分的吸收很大程度上取决于根系在土壤中的分布特征。根系是库尔勒香梨树的重要器官。土壤管理、灌水和施肥等重要的田间管理，都是为了创造促进根系生长发育的良好条件，以增强根系代谢活力，调节植株上下部平衡、协调生长，从而实现优质、高效的生产目的。库尔勒香梨树的根系是其整体赖以生存的基础，因此，根系生长优劣是库尔勒香梨树能否发挥高产优质潜力的关键。另外，它还具有吸收、合成、输导、调节、贮藏等作用。

二、库尔勒香梨树的根系特性

库尔勒香梨属深根性树种，干性强，层性明显。枝条早期生长一般较直立，以后随着枝条生长加快、抽枝增多以及产量增加，树冠逐渐开张。一般定植后3～4年开始结果，7～8年进入盛果期。经济结果寿命一般在50年以上，而树龄则更长。

（一）库尔勒香梨树根系年周期的生长动态

库尔勒香梨树的根系发达，有明显的主根，须根较稀少，但骨干根分布较深，一般垂直分布在1 m左右的土层内，水平分布为冠径的2～4倍。根系在周年活动中一般有2～3个活动高峰。其中幼树有3个高峰：3月下旬至4月下旬为第一个生长高峰，根系生长量最大；5月中旬至7月下旬为第二个生长高峰，根系生长量较大；10月上中旬至11月上旬，为第三个生长高峰，此次生长持续时间短，生长量较小。结果树有2个生长高峰：第一个高峰约在新梢生长停止、叶面积大部分形成后至高温来临之前（即5月下旬至7月上旬），由于地上部同化养分供应充足，地下土温又适宜根系生长，因此，这个时期根系生长最快，以后生长逐渐缓慢；第二个高峰约在果实采收后，土温不低于20 ℃之前，此期由于土温适宜，养分积累较多，根系又迅速生长，出现第二个生长高峰（在9～10月间），以后根系生长逐渐缓慢，至落叶后进入相对休眠期。若结果过多，树势很弱，管理粗放，病虫危害较重，受旱受涝的树，根在一年中则无明显的生长高峰。

（二）库尔勒香梨树根系分布

梨种子萌发后胚根生长强，梨苗主根粗壮发达而须根少，出圃起苗常易伤根，影响定植成活。所以育苗时要经过移植或切断主根，促生侧根，以提高苗木质量。梨苗成活后，断口，上部发生新根，早发生、生长强的代替主根向下延伸形成垂直骨干根。随垂直根向下生长逐年转弱，侧生根即相应转强。上层侧根强者发育成侧生骨干根，弱者发育成须根。侧生骨干根中开张角度大的，向水平方向延伸形成水平骨干根。梨树的根系较深，成层分布，但第二层常少而软弱。垂直骨干根长到一定深度即不再延伸，有时甚至有部分死亡，而由侧生骨干根中开张角度小的和水平骨干根上向下生长的副侧根与垂直骨干根共同形成下层土中的根系。土壤质地是根系生长的重要影响因素。垂直方向上，根系受土壤质地的影响较大，沙壤土丰富则吸收根和输导根根量较大，吸收根受黏土及沙土的影响较大，输导根则与之相反。

一般情况下，果树根系分布较广，分布范围主要与品种、砧木、树龄、土壤、地下水位及栽培管理关系十分密切。库尔勒香梨树根系的垂直分布深2～3 m，为树高的0.2～0.4倍，很少超过0.5倍，以20～60 cm之间最多，80 cm以下根很少，到150 cm根更少，并有分层分布现象；土层深厚，疏松肥沃，垂直分布能达到树高的一半，水平分布则能超过树冠的2倍以上，个别可达5倍。但库尔勒香梨树根系绝大部分集中分布在离地表30～50 cm的范围内，而且越靠近主干，根系分布越密，入土越浅；反之，远离树干处分布越稀，入土越深。

（三）影响库尔勒香梨树根系生长与分布的因素

影响库尔勒香梨树根系生长活动的主要外界因素是土壤、温度、水分、通气、树体营养等。根系的分布与土壤性质、土层深浅及地下水位高低有关。当土壤含水量为15%～20%时，较适于根的生长。因此，深翻改土、降低地下水位等措施，可诱根向下、向外生长，使根系生长发育良好，为高产、稳产打好基础。

库尔勒香梨树根的生长与土壤温度关系密切。一般萌芽前表土温度达到0.4～0.5 ℃时，根系便开始活动；当土壤温度达到4～5 ℃时，根系即开始生长；当土壤温度达到15～25 ℃时，根系生长加快，但以20～21 ℃根系生长速度最快；当土壤温度超过30 ℃或低于0 ℃时，根系就停止生长。库尔勒香梨树根系生长一般比地上部的枝条生长早1个月左右，且与枝条生长呈相互消长关系。

库尔勒香梨树由于开花结果的影响，根系生长一般只有两次生长高峰。第一次出现在5月上中旬到6月下旬。此期，同化养分供应日渐充足，土温又在20 ℃左右，最适宜库尔勒香梨树根系快速、旺盛地生长，这是库尔勒香梨树根系生长最重要的时期。此后，随着气温和土壤温度的不断升高，库尔勒香梨树根系生长逐渐变慢。果实采收后，特别是9月上中旬起，随着同化养分的迅速积累，土温又逐渐回落到20℃左右，因而根系出现第二次生长高峰，一般维持到10月中旬左右，但生长量不及第一次。之后，随着气温的急剧下降，根系生长又渐趋缓慢，至地上部出现落叶后，库尔勒香梨树根系也随之进入相对休眠阶段。

同时，库尔勒香梨树根系生长与栽培管理关系密切。若结果过多，导致树势衰弱；粗放管理，出现病虫严重危害；或受旱、受涝等，根系生长就会受到严重影响，不仅生长量大大减少，而且在年生长周期中，往往无明显的生长高峰。因此在库尔勒香梨园日常田间管理时，要始终加强库尔勒香梨园的疏果管理、病虫管理、土壤管理和肥培管理等工作，为丰产、优质奠定基础。

库尔勒香梨树根系有明显的趋肥性，土壤施肥可以有效地诱导根系向垂直和水平方向扩展，促进根系的生长发育。根系生长最适宜的土壤温度为13～27℃，超过30℃时生长不良甚至死亡。为保持土壤温度的相对稳定，可以采取果园间作、种草、覆草等措施。

库尔勒香梨树根系的显著特点是分布深，根系稀少。库尔勒香梨树根系水平分布主要集中在距树干30～90 cm范围内，垂直分布主要集中在20～60 cm土层中。沙壤土通气良好、土壤肥沃，根系发育好；土壤黏重、通气不良则分根少、生长弱。在有胶泥层的库尔勒香梨园，其根系生长受阻。不同砧木对梨根系生长影响明显。同是锦丰梨，以山梨为砧木，根系密集，多分根，而以杜梨为砧木，则根系稀疏，分布广远。库尔勒香梨树不同径级根系间都以0～1 mm径级根长、根数量最多，根体积最小，以1～3 mm径级根表面积最大。如行间三叶草处理下总根长、根表面积最大，根体积最小。因此，库尔勒香梨树施肥应以在水平方向距主干30～90 cm，垂直深度20～60 cm土层为宜，可促进库尔勒香梨树根系的生长，又可提高肥料利用率。

(四) 滴灌的应用

滴灌也称为根区灌溉，土壤入渗湿润体特征决定了灌溉效率的高低，随着滴头流量的增大，土壤湿润区的水平分布范围增大而垂直分布范围减小。因此，不同滴头流量入渗湿润体与植物根系分布特征，对确定滴灌滴头流量有至关重要的作用。与此同时，滴灌对库尔勒成龄香梨果树的根系分布具有显著的影响。土壤质地、滴头流量、初始含水率、滴头间距、灌水量是作物滴灌水分运移的决定性因素。滴头流量对蕾期根系分布的影响显著，且随着滴头流量的增大，根系集中点向浅层上移。并且土壤容重越小，湿润锋运移距离、湿润体内水分含量均越大。涌泉根灌条件下土壤水分运动的研究表明，湿润体的特征值随着流量的变化而变动。库尔勒香梨树作为株、行距较大的作物，在进行滴灌时，土壤湿润区是一个个相互不连的圆盘，这种滴灌实际属于点源滴灌。

试验地位于新疆生产建设兵团三师丰产田。试验地海拔1108.8 m，年平均日照时间2706.6 h，无霜期达到207 d，年平均气温12.8 ℃，年均降水量72.3 mm，年均蒸发量1988.4 mm，年均相对湿度在55%以下，属于典型暖温带内陆型极端干旱气候。试验前对果园0～100 cm的土壤结构进行取样（彩图1），每20 cm为一个土层进行测定分析。试验地0～80 cm土层土壤有机质7.56 g·kg^{-1}，全盐0.3 g·kg^{-1}，pH值8.43，全氮655 mg·kg^{-1}，全磷808 mg·kg^{-1}，碱解氮40.55 mg·kg^{-1}，速效磷17.75 mg·kg^{-1}，速效钾98 mg·kg^{-1}。

试验根据香梨树根系生长发育特征，分别于4月中旬、6月中旬对密植库尔勒香梨树根系分布的深度、广度和集中分布区进行调查。根系土样采集采用剖面挖掘法，假设梨树周边根系分布与该剖面具有对称性（彩图2、3）。

土壤湿润锋运移规律调查采用新疆天业农业有限公司生产的Φ16管上式滴管带作为滴灌系统，通过计时测定法测得五种设计滴头实际流量分别为1.9、4.5、6.8、9.2、21.5 L·h^{-1}，滴头间距2 m，用输水管上的调压阀调控滴灌带压力，使试验区压力与整块地压力布置均匀，布设滴灌管区域人工平整表层土地，防止地势不均产生地表径流导致试验误差。每小时湿润锋运移特征调查见彩图4。

土壤质地用干筛法测定，土壤容重、田间持水量用环刀法测定，土壤比重用比重瓶法测定，土壤总孔隙度、土壤毛管孔隙度计算公式如下：

土壤总孔隙度=（1-土壤容重/土壤比重）×100%

土壤毛管孔隙度=土壤田间持水量×土壤容重

根据试验地具体情况，采用"s"法分层采集土样，送乌鲁木齐谱尼测试科技有限公司检测。根系土样采集时，在垂直于行向方向，自梨树基部向行间挖掘一条长1.6 m、深1 m的土壤剖面，采用网格法（彩图5）将剖面划分为

20 cm×20 cm 的网格，自剖面向内取样，剖面取 20 cm×20 cm×20 cm 的立方土体共40个。将每一个带根土样浸泡、冲洗带回实验室。根长密度测量使用加拿大 Regent Instruments 公司生产的 WinRHIZO 2009 根系分析系统进行扫描分析（彩图6），得出不同直径范围内各立方土体的根长。按照以下公式计算根长密度：

根长密度（mm·cm⁻³）=根长/土体体积

滴头流量采用计时测定法，在滴头正下方埋设一个量筒，以3 min 为时限，测定该时间段内滴头流量，计算得出每小时滴头流量；土壤湿润峰每隔1 h，在滴头正下方向两侧挖长1 m、深1 m 的观测沟，按照水平方向每隔10 cm，垂直方向每隔10 cm 作为土体观测范围，采用浙江托普云农科技股份有限公司生产的 TPC-9PC 高智能土壤环境测试及分析评估系统测定土壤含水量；连续观测，直至根系集中分布层的下部明显出现湿润感。

1.密植库尔勒香梨园0～80 cm 土壤物理性质调查分析

试验地土壤物理性质调查结果见表1-1，从表中可以看出：土壤紧实度自上而下越来越大；土壤密度与土壤容重呈现同样的变化规律；田间持水量和毛管孔隙度则是表层和底层最大，说明此两层对水分的储存性能最好。

表1-1 试验地土壤物理性质

土壤深度（cm）	质地	容重（g·cm⁻³）	比重（g·cm⁻³）	总孔隙度（%）	毛管孔隙度（%）	田间持水量（%）
0～20	粉沙质壤土	1.28	2.33	45.06	28.53	22.29
20～40	粉沙质壤土	1.29	2.63	50.95	23.39	18.13
40～60	黏土	1.38	2.71	49.08	27.99	20.28
60～80	沙质壤土	1.41	2.75	48.73	31.68	22.47

2.库尔勒香梨树根系垂直分布特征

从图1-1可以看出：在初果期，库尔勒香梨树根长密度随着土层深度的增加呈现单峰曲线，在20～40 cm 土层达到最大值，为0.996 cm·cm⁻³，而20～80 cm 是根系分布的主要区域，若假定0～100 cm 根长密度为整个果树的100%，则该区域占比73.9%，尤以20～40 cm 根系分布最多，占28.9%；而果实膨大期，随着土层深度的增加，库尔勒香梨树根长密度逐渐减少，0~20 cm根长密度最大，为0.489 cm·cm^{-3}，疏导根的根长密度在两个生育时期均远低于吸收根的根长密度。

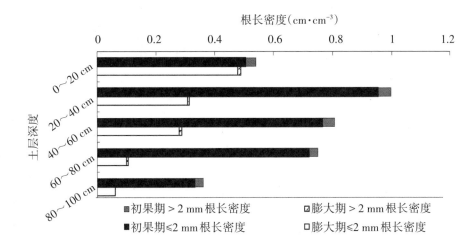

图1-1　初果期和果实膨大期库尔勒香梨树根长密度垂直方向分布特征

3.库尔勒香梨树根系水平分布特征

从图1-2可以看出：初果期根系分布呈现三个峰值，在距树干0~20 cm、60~80 cm、120~140 cm出现的三个峰值分别位于库尔勒香梨树的树盘附近和2个滴灌带的铺设范围内，0~20 cm为根系集中分布区，60~80 cm、120~140 cm为前一年水分集中供应区，由于根系的向水向肥性，大量根系在该范围内着生；而随着生育进程的推进，到果实膨大期，根系分布呈现单峰值曲线，在距树干60~80 cm范围内，根长密度达到最大值。疏导根的根长密度相较于总体根长密度占比也较小，初果期疏导根占总根长密度的5.12%，果实膨大期疏导根占总根长密度的2.76%。

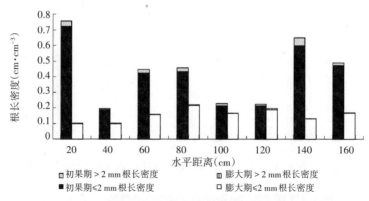

图1-2 初果期和果实膨大期库尔勒香梨树根长密度水平方向分布特征

4.不同滴头流量对水平剖面水分分布的影响

从图1-3可以看出：随着滴头流量的增大，土壤水分向两侧的聚集越来越快。就最小流量1.9 L·h⁻¹来看，随着滴水时间的推进，土壤水分在滴头正下方大量聚集，但向两侧运移的速度较慢，分析其原因是土壤水分的水平运移主要靠基质吸力的作用，但由于其流量小，重力势远大于基质吸力，其垂直运移速率远大于水平运移速率，故造成水分在滴头正下方的范围内聚集。滴头流量为1.9 L·h⁻¹时，−20～20 cm范围内自滴灌开始后2 h基本达到饱和状态，5 h后30 cm范围内方才达到饱和；滴头流量为4.2 L·h⁻¹时，−30～30 cm范围内4 h达到饱和状态；滴头流量为6.8 L·h⁻¹时，−30～30 cm范围内3 h接近饱和状态，40 cm范围内4 h达到饱和状态；滴头流量为9.2 L·h⁻¹时，−40～40 cm范围内5 h达到饱和状态，但其含水率在水平方向运移规律明显优于6.8 L·h⁻¹，且50 cm范围内有明显向外部扩散趋势；滴头流量为21.5 L·h⁻¹时，−40～40 cm范围内2 h已基本达到饱和状态，在3 h以后有明显向土层外部扩散趋势，且40 cm范围内已超饱和状态。

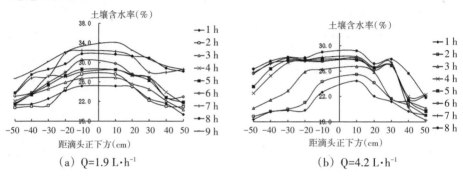

（a）Q=1.9 L·h⁻¹   （b）Q=4.2 L·h⁻¹

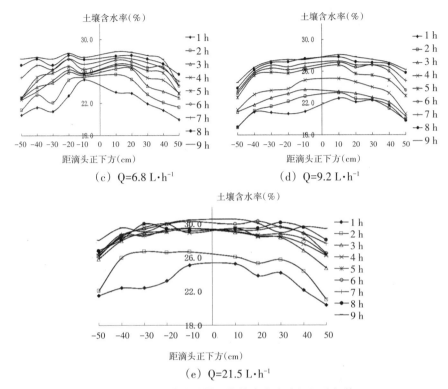

图1-3 不同滴头流量湿润体含水率水平运移规律

5.不同滴头流量对垂直剖面水分分布的影响

以2个时间段形成曲线之间的距离作为水分运移速率，则随着滴水时间的增加，滴头流量越小的处理，前3 h垂直运移速率越快，但随滴水时间的增加，灌水总量随之增加，滴头流量越大，则灌水总量增加越快，最终导致3 h以后滴头流量大的处理，整个灌水剖面自表层至深层含水率快速增大，这主要是由于垂直方向水分运移受到基质吸力和重力势的共同作用，因而在入渗一定时间后，滴头流量大的处理表层土壤迅速饱和，多余水分随着重力势的作用迅速向下运移导致的。从图1-4可以看出，滴头流量越小，土壤水分自表层向深层运移速率越快，但是就整个滴水过程来说，到达60 cm之后，60～80 cm土壤的饱和含水率随着滴头流量的增加越来越容易达到。从图1-4（e）中可以得知，上述变化规律对其不适用，主要是由于其流量过大，1 h的灌水量相当于最小流量1.9 L·h⁻¹的十多个小时的灌水量，其整个土壤剖面在第3 h就已达到饱和状态。

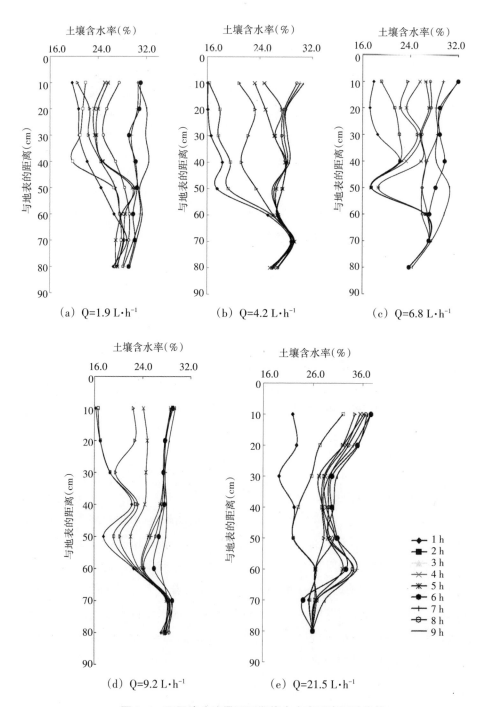

图1-4 不同滴头流量下湿润体含水率垂直运动规律

综上所述，库尔勒香梨树垂直方向根长密度集中分布于20～60 cm，水平方向根长密度集中分布于50～80 cm，该土层应该为肥水管理的关键区域。从不同滴头流量下土壤湿润体水平、垂直运移规律，结合库尔勒香梨树根系分布特征可知，在该地块滴灌推荐使用9.2 L·h⁻¹的滴头流量，滴水最佳时间为5 h。

第二节　库尔勒香梨树冠特性

库尔勒香梨树体高大，寿命长。该树萌芽力强，成枝力弱，先端优势强，在一枝上一般可抽生1～4个长梢，其余均为中短梢。因每年都是上部树芽发枝，所以层性明显。一些成枝力弱的品种，在自然情况下即形成疏层形树冠。同一枝上同年发生的新梢，单枝生长势差异较大，所以竞争枝很少。同时因顶生枝特强，故常形成枝的单轴延伸。因此，库尔勒香梨树冠中常见无侧枝的大枝较多，而树冠稀疏。库尔勒香梨树幼树枝条常直立，树冠多呈紧密圆锥形，以后随结果增多，逐渐开张成圆头形或自然半圆形。由于不同品种的成枝力和树势强弱等差异，形成了树冠形状的种种变化。如金川雪梨、胎黄梨等生长势较强，枝多直立，树冠较紧凑呈直立形；莱阳小香水等生长虽强，而枝多细软，易开张，萌芽力强，则树冠较开张而枝叶较稠密；鸭梨、茄梨、兰州长把梨等枝条长软而弯曲，小树时树冠呈乱头形，大树时为自然半圆形；多数日本梨发枝少，多短枝，幼树时直立抱头，结果后开张，形成十分稀疏的自然半圆形或圆头形树冠。

库尔勒香梨树多中短枝，极易形成花芽，所以一般情况下均可适期结果。只有因短截过重而生长过旺的树，或受旱涝、病虫危害、管理粗放、生长过弱的树，才推迟结果。如加强管理，开张角度，轻剪长放，即可提早结果。长放后，枝逐年延伸而生长势转缓，因而枝上盲节相对增多。处在后部位置的中短枝常因营养不良，甚至枯死，形成缺枝脱节和树冠内膛过早光秃现象。库尔勒香梨树隐芽多而寿命长，在枝条衰老或受损以及受到某种刺激后，可萌发抽枝，以利于树冠更新和复壮。

第三节　库尔勒香梨树枝芽特性

一、枝梢生长

枝条是植物地上的骨架，其上着生叶、花和果实，其下连接根。枝条上着生叶的位置叫节，两节之间的部分叫节间。枝条顶端和节的叶腋处都生有芽，叶脱落后节上留有叶痕。枝条具有支撑、运输、合成、贮藏和繁殖作用。

库尔勒香梨属萌芽率高、成枝力低的树种。除枝条基部几节为盲节外，芽一般均能萌发，但常常只有生长枝顶端1～4节芽能抽发成长枝，其下部芽依品种不同，只抽中、短枝及叶丛枝。库尔勒香梨树枝梢抽生长短与其生长时间关系密切，一般叶丛枝经7～10 d生长即形成顶芽，中、短枝生长多在20～30 d；长枝停长一般需40 d以上。

库尔勒香梨树枝梢顶端优势强。一般树冠顶部和外围易抽长枝、旺枝、直立枝，使树体上强下弱、外强内弱，导致库尔勒香梨树层性明显。

库尔勒香梨树的芽属晚熟性芽。在正常情况下，一般一年只有越冬芽抽生一次新梢。但个别树势强旺者或幼年树，当年形成的芽，当年也能萌发抽枝。库尔勒香梨树枝梢上的芽均为单芽，一般外形瘦小者是叶芽，萌发后抽生新梢；外形肥胖的是混合芽（俗称花芽），萌发后既抽生结果新梢，又在该梢上端着生一伞房花序，开花结果。库尔勒香梨树混合芽绝大部分着生在中、短枝的顶部，但长枝中上部腋芽，在营养充足、树势较好的情况下，也能分化形成混合芽，从植物形态学分析可知，该腋花芽就是无叶二次梢的顶芽。所以，库尔勒香梨树花芽多顶生，叶芽多腋生。而少数顶生叶芽则是受顶端优势或叶片簇生等因素影响所致。

库尔勒香梨树叶丛枝没有明显腋芽，只有隐芽，到次年，该芽一般不萌发而隐居着，只有树体遇到刺激，如重剪后，隐芽才萌发抽枝。库尔勒香梨树隐芽寿命一般很长，生产上常利用隐芽的这一特性，进行树、枝的更新或复壮。

1.新梢生长特征

（1）试验方法

试验从 2021 年 4 月开始，选择不同品种梨树的不同方向 15 cm 左右的新梢挂牌，每棵树选 10 个新梢，每个处理重复 3 次，每隔 20 d 测定新梢相关指标，包括新梢长度、新梢粗度（新梢基部以上 1 cm 处粗度作为新梢粗度）和节间长（新梢上的第 3 节至第 4 节位的长度）；使用 SPAD－502 叶绿素仪测定新梢叶片的叶绿素含量；用 LI－3000C 叶面积仪测定叶面积，并计算平均单个叶面积。

（2）叶片指标

2021 年 7 月，在每个梨品种树体外围和内膛随机采集并测定 30 张成熟叶片，在叶片主叶脉两侧各选 3 个点测量叶绿素值，求其平均值；用蒸馏水将叶片冲洗后晾干，测定每片叶子的面积，再剪去叶柄，用电子天平称出叶片鲜重，后将叶片置于 80 ℃烘箱中烘至恒重，秤出叶片干重。计算叶片比叶面积（比叶面积 = 总叶面积/总叶干重）。

2.结果

（1）不同库尔勒香梨品种新梢生长特征比较

研究表明（图 1-5），5 个梨品种的新梢长度、粗度、节间、平均叶面积及叶片叶绿素 SPAD 值均从 4 月 30 日开始快速生长，5 月 20 日进入缓慢生长期。整个新梢生长周期中，雪香新梢长度较库尔勒香梨低，其余 3 个品种较库尔勒香梨高。雪香和玉露香的节间长度与库尔勒香梨相近，新梨 7 号和红香酥节间长度较库尔勒香梨长。6 月 30 日，红香酥和雪香的叶面积较其余 3 个品种大。

（2）不同梨品种叶片指标比较

研究表明（表 1-2），雪香的叶绿素 SPAD 值是 5 个梨品种中最高的，说明其光合效率较高；新梨 7 号与库尔勒香梨叶绿素 SPAD 值较为接近，分别为 41.69% 和 41.76%。玉露香的叶绿素 SPAD 值在 5 个梨品种中最小，说明其光合效率较低。除雪香外，其他品种的比叶面积均高于库尔勒香梨，其中红香酥和玉露香的比叶面积与库尔勒香梨相近。

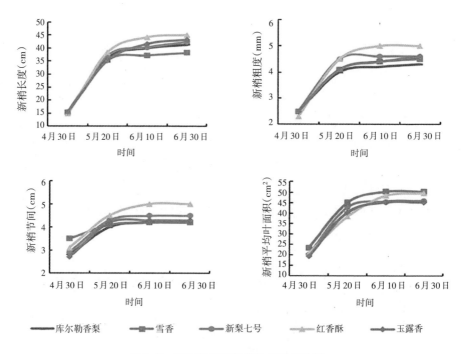

图1-5 不同梨品种新梢生长特征比较

表1-2 不同梨品种下叶片指标变化

品种	叶绿素SPAD值	平均单叶面积（cm²）	平均单叶鲜重（g）	平均单叶干重（g）	比叶面积
库尔勒香梨	41.76	42.39	0.87	0.43	98.13
雪香	46.09	53.29	1.29	0.66	81.03
新梨7号	41.69	47.56	0.95	0.41	115.43
红香酥	43.29	46.98	1.07	0.46	102.27
玉露香	39.33	46.07	1.03	0.45	102.12

　　梨树新梢自萌芽起即开始生长，展叶分离后，生长渐快。在浙江地区，一般3月下旬开始萌芽，3月底或4月初展叶，4月中旬短枝停梢，6月中旬左右长梢生长也基本停止。就全树而言，4月中下旬到5月上旬是梨树新梢生长的鼎盛时期，以后，新梢生长渐缓，直到顶芽形成。梨树新梢生长，前期主要依靠树体的贮藏养分，后期则依靠树体当年的同化养分。由于新梢停长较早，且一年只抽生一次新梢，故与幼果争夺养分矛盾较小，因此，只要授粉受精良好，梨

树坐果率普遍较高。

根据梨树枝梢的生长发育特点，生产上常依其生长长度，把生长枝分成短枝（5 cm以下）、中枝（5～30 cm）和长枝（30 cm以上）三种类型。一般短枝、中枝易形成花芽，故成年梨树结果母枝多以中、短枝为主。但稳产、丰产的成年梨树，上述三类型枝梢应保持一定的比例，一般要求短枝占85%左右，中枝占10%左右，长枝占5%左右为好，不同品种有所差异。

二、叶片生长

叶的生长首先是纵向生长，其次是横向扩展。幼叶顶端分生库尔勒香梨组织的细胞分裂和体积增大促使叶片增加长度。最后，幼叶的边缘分生组织的细胞分裂分化和体积增大扩大叶面积和增加厚度。一般叶尖和基部先成熟，生长停止得早；中部生长停止得晚，形成的表面积较大。靠近主叶脉的细胞停止分裂早；而叶缘细胞分裂持续的时间长，不断产生新细胞，扩大叶片表面积。上表皮细胞分裂停止最早，然后依次是海绵组织、下表皮和栅栏组织停止细胞分裂。叶细胞体积增大一直持续到叶完全展开时为止。当叶充分展开成熟后，不再扩大生长，但在相当一段时间仍维持正常生理功能。

库尔勒香梨树叶片随新梢的生长而生长，基部第一片叶最小，自下而上，逐渐增大。短梢上的叶片，以最上的一两片叶为最大；中、长梢上的叶片因生长期的营养状况、外界条件的不同，而有大小不同的变化。在有芽外分化的长梢上，一般自基部第一片叶开始，自下而上逐渐增大，当出现最大一片叶后，会接着出现以下1～3片叶明显变小，以后又渐次增大，后又渐次变小的现象。对第一次自基部由小到大间的叶片，属芽内分化叶，称第一轮叶，在此以上叶即第二轮叶，属芽外分化。据研究，第一轮叶在11片以上，且最大叶片出现在第9片以上，是库尔勒香梨树丰产、稳产的形态指标。库尔勒香梨树叶片数量和叶面积与果实生长发育关系密切。如砂梨系统品种，一般每生产1个果实需要25～35张叶片，否则，当年的优质丰产就没有保证。库尔勒香梨树作为坐果率高的树种，生产上应按照该树的结果习性，积极抓好疏花疏果工作，以确保果品优质。

叶幕是指在树冠内集中分布并形成一定形状和体积的叶群体。对库尔勒香梨树来讲，叶幕层次、厚薄、密度等直接影响树冠内光照及无效叶比例，从而制约着果实产量和质量的提高。而落叶树木的叶幕在年周期中有明显的季节性变化，其受树种、品种、环境条件及栽培技术等的影响。通常抽生长枝多的品种或幼树、旺树，叶幕形成慢。叶幕厚、层数多，树冠内光照差，无效叶比例高，不利于提高果实产量和质量。合适的叶幕层次和密度，使树冠叶数量适中，分布均匀，可充分利用光能，有利于库尔勒香梨树实现优质、高产和稳产。

对叶幕的要求：成层，分布合理，厚薄适当，通风透光。

叶幕对光的要求：

>30% 全光照，4 h/d 以上，才能成为有效区；

>40% 全光照，4 h/d 以上，才能形成花芽；

>50% 全光照，4 h/d 以上，才能结果；

>60% 全光照，4 h/d 以上，才能结好果；

>70% 全光照，4 h/d 以上，才能结优质果实。

叶面积指数是指园艺植物叶面积总和与其所占土地面积的比值，即单位土地面积上的叶面积。同单片叶子的生长过程类似，大田群体叶面积生长前期新生叶多，衰老叶少，生长后期则相反，从而形成单峰生长曲线。

叶面积指数大小及增长动态与品种、种植密度、栽培技术等关系密切。一般叶面积指数在 3～6 范围内比较合适，叶面积指数过高，叶片相互遮阴，植株下层叶片光照强度下降，光合产物积累减少；叶面积指数过低，叶量不足，光合产物减少，产量降低。

不同类型的新梢，叶面积的大小不同，以长梢最大，中梢次之，短梢最小。但就枝梢单位长度所占有的叶面积而言，则情况相反，以短梢的单位长度面积最大，中梢次之，长梢最小，故短、中枝的营养物质积累最多，有利于花芽分化和果实的肥大。但是，没有一定数量的长梢，便没有产生中、短梢的基础，也就不利于库尔勒香梨树的生长和结果。同时，长枝叶面积大，合成的营养物质较中短梢多，除供给本身需要外，还有剩余外运。因此，各类枝梢合理的比例，是丰产、稳产的生物学基础。据浙江农业大学园艺系调查：成年丰产稳产的菊水长梢（57 cm）应占 6%，中梢占 8%，短梢占 86%。但若长梢过多过旺，不仅不利于花芽分化，而且易致外围郁闭，内膛枯秃。

果实的发育需要一定数量的叶面积，为简便起见，通常以正常的叶片数计算，砂梨叶片较大，一个果实需 25～30 片叶，因此，要特别重视秋施基肥，早施追肥，提高树体营养贮备水平。

1.研究背景及目的

植物的生长发育依赖于根系吸收的养分。库尔勒香梨树的生长发育和果实发育是由多种矿物元素共同作用形成的，其中 N、P、K、Ca、Mg、Fe 等 13 种矿物元素对库尔勒香梨的生长发育有直接或间接的影响。根据库尔勒香梨树的需要，可将矿物元素分为大量元素、中量元素和微量元素，这些元素彼此联系紧密，但又不被其他元素替代，它们在库尔勒香梨树的生长发育和果实质量方面发挥着关键的作用。李红艳通过对库尔勒香梨树的营养分配及施肥研究发现，土壤、植株以及果实中矿质营养对提高库尔勒香梨树产量与改善果实品质具有重要作用。

氮素是植物发育过程中的重要元素，是植物生长及发育的关键物质，也是植物主要的生理生化指标。由于植物的营养贮藏位置不同，树体根系从土壤吸收养分，一部分可以直接供其器官的形成和代谢，另外一部分被储存在树体各个器官及部位中，作物的养分主要储存在根部。氮含量与果树器官组成和果树结构有关。适量的氮肥对树势和枝条生长发育都有很好的促进作用。

磷素是植株生长发育的必需元素，能够增强植物光合作用，促进库尔勒香梨树生长发育。当外界处于低温条件下，磷仍能使植物维持较高合成能力，增加植株体内多种物质浓度水平，提高库尔勒香梨树抵御低温及干旱胁迫的能力，从而为库尔勒香梨树生长发育奠定坚实基础。合理的磷肥施用量可促进植株根系生长与果树花芽分化，改善果实品质，提高植株抗逆性。土壤中磷素缺乏时对库尔勒香梨树有着不良影响，如过度缺乏磷素使果实单果重有所降低，同时磷素缺乏会导致果树新陈代谢能力降低，阻碍果实生长发育，造成果实品质大大降低。刘世亮等（2002）通过对不同磷源对灰质土供磷效应进行了分析，发现磷素在灰质土中作用最大，其次是磷酸盐>重磷酸钙>钙镁磷>氟磷灰石。因此，在石灰质土壤中，应选用有较高吸收效率、较高等级的磷肥。酸性土壤中施用水溶性磷肥，由于土壤表面的吸附作用，使其难以被作物吸收，从而使其肥效受限。

由于"丰水高产"理论的影响，目前我国库尔勒香梨树种植普遍采取了超量灌溉方式，其主要特点是灌溉次数多达5～6次，由于是大水漫灌，导致库尔勒香梨园发生严重的水分渗漏与肥料淋溶现象。特别是在果实收获前，灌水不仅减少了水分利用率，而且使果实质量下降，从而造成果品质量不高。因此，对于滴灌、喷灌等灌水方式的推广势在必行。

通过大田试验，研究不同水、肥用量对库尔勒香梨园土壤养分、库尔勒香梨树生长发育及养分含量变化规律的影响，制定出科学合理的施肥方案及措施，进而促进库尔勒香梨树地上部的生长，同时为下一年库尔勒香梨树耦合试验提出合理的施肥、灌水理论依据。

2.材料与方法

试验于2021年3月至10月在新疆生产建设兵团一师阿拉尔市进行，试验对象为嫁接的5年生香梨树，株行距为1.5 m×4 m，试验地大小约为0.24 hm²，土壤类型为沙质壤土。

试验地基础理化性质数据如表1-3所示，其基础肥力情况平均为：电导率为104.64 μs·cm⁻¹，pH为8.45，有机质为5.10 g·kg⁻¹，盐分含量为0.685 g·kg⁻¹，碱解氮、速效磷、速效钾分别为6.51 mg·kg⁻¹、17.31 mg·kg⁻¹、70.38 mg·kg⁻¹。

表1-3 试验地基础肥力情况

指标	土层深度			
	0~20 cm	20~40 cm	40~60 cm	60~80 cm
土壤容重(g·cm⁻³)	1.60	1.56	1.43	1.38
pH	8.37	8.45	8.48	8.51
电导率(μs·cm⁻¹)	119	117	92.05	90.5
有机质(g·kg⁻¹)	8.16	6.44	4.36	1.43
盐分(g·kg⁻¹)	0.61	0.68	0.71	0.74
碱解氮(mg·kg⁻¹)	12.75	8.05	3.85	1.4
速效磷(mg·kg⁻¹)	27.29	26.86	10.50	4.57
速效钾(mg·kg⁻¹)	93	81.5	70	37

试验设计为三个单因素试验（W、N、P），每个因素设置五个水平，即不同灌水量W（W1、W2、W3、W4、W5）、不同氮肥施用量N（N1、N2、N3、N4、N5）、不同磷肥施用量P（P1、P2、P3、P4、P5）。

制定试验地小区分布，测量试验地并确定试验地及每个小区面积，划分小区（表1-4）。试验区共计45个小区，每个小区面积大约为48 m²，每小区随机选择生长良好的库尔勒香梨树6株，做好标记，两端各留1～2株作为隔离树，防止不同处理间的干扰。试验地的库尔勒香梨园，其栽培和管理由农户统一进行，严格控制条件以减少误差。

表1-4　小区布置图

N			P			W		
N3	N4	N4	P3	P5	P4	W5	W5	W5
N2	N3	N5	P4	P3	P1	W4	W4	W4
N4	N5	N3	P2	P1	P5	W3	W3	W3
N1	N2	N1	P5	P2	P3	W2	W2	W2
N5	N1	N2	P1	P4	P2	W1	W1	W1

肥料种类：尿素（含N素46%）、磷酸一铵（含P_2O_5 47%）、硫酸钾（含K_2O 51%）。

设N3、P3为试验常规施肥量，N1、P1为超低施肥量，施肥量为常规施肥量的0.5倍，N2、P2为低施肥量，施肥量为常规施肥量的0.75倍，N3、P4为高施肥量，施肥量为常规施肥量的1.25倍，N5、P5为超高施肥量，施肥量为常规施肥量的1.5倍。纯氮施用量为150 kg·hm^{-2}（N1）、225 kg·hm^{-2}（N2）、300 kg·hm^{-2}（N3）、375 kg·hm^{-2}（N4）、450 kg·hm^{-2}（N5）；纯磷施用量为75 kg·hm^{-2}（P1）、150 kg·hm^{-2}（P2）、225 kg·hm^{-2}（P3）、300 kg·hm^{-2}（P4）、375 kg·hm^{-2}（P5），详见表1-5。

表1-5　单因素试验设计

处理编号	因素 生育期灌水量W(m³·hm^{-2})	处理编号	因素 N肥(kg·hm^{-2})	处理编号	因素 P肥(kg·hm^{-2})
1	5460	6	150	11	75
2	5880	7	225	12	150
3	6300	8	300	13	225
4	6720	9	375	14	300
5	7140	10	450	15	375

施肥设计：共计五次施肥。开花前进行一次施肥；幼果期进行一次施肥；果实膨大前期进行一次施肥；果实膨大后期进行一次施肥；果实成熟前进行一次施肥。第一次施肥为穴施，在每棵果树两侧距离树干75 cm处挖30 cm深的穴，待肥料溶解后浇进事先挖好的穴中，等穴中的水下渗后再进行掩埋；后面四次施肥均用施肥罐施肥（所施用的肥料均是在实验室进行精准称量装袋后带到库尔勒香梨园进行施用）。

N因素试验中，氮肥分五次施用，各时期施入比例为15 %、30 %、20 %、20 %、15 %，磷钾肥为试验常规用量，每时期等量施用。P因素试验中，磷肥分五次施用，各时期施入比例为20 %、30 %、20 %、15 %、15 %；氮、钾肥为试验常规用量，每时期等量施用。W因素试验中，氮磷钾肥均为试验常规用量，每时期等量施用。

施肥方法：用15 L施肥罐滴灌施水肥。施肥方案见表1-6、1-7。

表1-6 N因素下肥料施用方案

施肥时期	纯养分量	N1	N2	N3	N4	N5
花前 （3月中旬）	$N(kg \cdot hm^{-2})$	22.5	33.75	45	56.25	67.5
	$P_2O_5(kg \cdot hm^{-2})$	45	45	45	45	45
	$K_2O(kg \cdot hm^{-2})$	60	60	60	60	60
幼果发育期 （4月下旬—5月中旬）	$N(kg \cdot hm^{-2})$	45	67.5	90	112.5	135
	$P_2O_5(kg \cdot hm^{-2})$	45	45	45	45	45
	$K_2O(kg \cdot hm^{-2})$	60	60	60	60	60
果实膨大前期 （5月下旬—6月中旬）	$N(kg \cdot hm^{-2})$	22.5	33.75	45	56.25	67.5
	$P_2O_5(kg \cdot hm^{-2})$	45	45	45	45	45
	$K_2O(kg \cdot hm^{-2})$	60	60	60	60	60
果实膨大后期 （6月下旬—7月底）	$N(kg \cdot hm^{-2})$	30	45	60	75	90
	$P_2O_5(kg \cdot hm^{-2})$	45	45	45	45	45
	$K_2O(kg \cdot hm^{-2})$	60	60	60	60	60
成熟前 （8月中旬）	$N(kg \cdot hm^{-2})$	30	45	60	75	90
	$P_2O_5(kg \cdot hm^{-2})$	45	45	45	45	45
	$K_2O(kg \cdot hm^{-2})$	60	60	60	60	60
全年总量	$N(kg \cdot hm^{-2})$	150	225	300	375	450
	$P_2O_5(kg \cdot hm^{-2})$	225	225	225	225	225
	$K_2O(kg \cdot hm^{-2})$	300	300	300	300	300
合计		675	750	825	900	975

表1-7　P因素下肥料施用方案

施肥时期	纯养分量	P1	P2	P3	P4	P5
花前 （3月中旬）	$N(kg \cdot hm^{-2})$	60	60	60	60	60
	$P_2O_5(kg \cdot hm^{-2})$	15	30	45	60	75
	$K_2O(kg \cdot hm^{-2})$	60	60	60	60	60
幼果发育期 （4月下旬—5月中旬）	$N(kg \cdot hm^{-2})$	60	60	60	60	60
	$P_2O_5(kg \cdot hm^{-2})$	22.5	45	67.5	90	112.5
	$K_2O(kg \cdot hm^{-2})$	60	60	60	60	60
果实膨大前期 （5月下旬—6月中旬）	$N(kg \cdot hm^{-2})$	60	60	60	60	60
	$P_2O_5(kg \cdot hm^{-2})$	15	30	45	60	75
	$K_2O(kg \cdot hm^{-2})$	60	60	60	60	60
果实膨大后期 （6月下旬—7月底）	$N(kg \cdot hm^{-2})$	60	60	60	60	60
	$P_2O_5(kg \cdot hm^{-2})$	11.25	22.5	33.75	45	56.25
	$K_2O(kg \cdot hm^{-2})$	60	60	60	60	60
成熟前 （8月中旬）	$N(kg \cdot hm^{-2})$	60	60	60	60	60
	$P_2O_5(kg \cdot hm^{-2})$	11.25	22.5	33.75	45	56.25
	$K_2O(kg \cdot hm^{-2})$	60	60	60	60	60
全年总量	$N(kg \cdot hm^{-2})$	300	300	300	300	300
	$P_2O_5(kg \cdot hm^{-2})$	75	150	225	300	375
	$K_2O(kg \cdot hm^{-2})1$	300	300	300	300	300
合计		675	750	825	900	975

灌水量设计：根据库尔勒香梨树对土壤水分的需求程度，设置五个灌溉水平，即W1、W2、W3、W4、W5。生长季采用地上滴灌，滴灌管内径为20 mm，壁厚1.0 mm，公称压力为0.5 Mpa，滴头间距为0.5 m，流量为6 L·h⁻¹。灌水量由水表（精度0.01 t）控制，灌水方案见表1-8。花前灌水1次，灌水量均为3 m³·hm⁻²。具体处理情况如下：

W1：7次/年（幼果发育期、果实膨大初期、果实膨大后期、果实成熟期），每次滴灌量为780 m³·hm⁻²，整个生长季总灌水量为5460 m³·hm⁻²。

W2：7次/年（幼果发育期、果实膨大初期、果实膨大后期、果实成熟期），每次灌水量为840 m³·hm⁻²，整个生长季总灌水量为5880 m³·hm⁻²。

W3：7次/年（幼果发育期、果实膨大初期、果实膨大后期、果实成熟期），每次灌水量为 900 $m^3 \cdot hm^{-2}$，整个生长季灌水量为 6300 $m^3 \cdot hm^{-2}$。

W4：7次/年（幼果发育期、果实膨大初期、果实膨大后期、果实成熟期），每次灌水量为 960 $m^3 \cdot hm^{-2}$，整个生长季灌水量为 6720 $m^3 \cdot hm^{-2}$。

W5：7次/年（幼果发育期、果实膨大初期、果实膨大后期、果实成熟期），每次灌水量为 1020 $m^3 \cdot hm^{-2}$，整个生长季灌水量为 7140 $m^3 \cdot hm^{-2}$。

表1-8　灌水方案

时期	次数及灌水量	W1	W2	W3	W4	W5
幼果发育期	次数	2	2	2	2	2
	每次灌水量($m^3 \cdot hm^{-2}$)	780	840	900	960	1020
果实膨大前期	次数	2	2	2	2	2
	每次灌水量($m^3 \cdot hm^{-2}$)	780	840	900	960	1020
果实膨大后期	次数	2	2	2	2	2
	每次灌水量($m^3 \cdot hm^{-2}$)	780	840	900	960	1020
果实成熟期	次数	1	1	1	1	1
	每次灌水量($m^3 \cdot hm^{-2}$)	780	840	900	960	1020
总生育期	次数	7	7	7	7	7
	灌水量($m^3 \cdot hm^{-2}$)	5460	5880	6300	6720	7140

枝条生长量测定：选择当年生新生枝条，于植株东、南、西、北4个方向随机抽取1个当年生枝条，每株选定4个枝条，选定两株树，挂上做好标记的吊牌。用卷尺测量各小区挂牌枝条生长量，每10 d测定一次。

SPAD值测定：于选定枝条末端起，选倒数第三片叶子及第四片叶子，用LAI-2200C分析仪测定各小区叶片SPAD值，每30 d测定一次。

果实纵横径测定：于各小区选取5个幼小库尔勒香梨果实，用游标卡尺测定果实的纵横径生长量，15 d测定一次。

3.结果

树体枝条生长量可以间接反映其体内的营养状况。由图1-6可知，不同灌水量处理下，枝条生长量在4月25日达到顶峰，5月份开始缓慢生长，5月中下旬停止生长。

4月15日至4月25日，各处理的枝条迅速生长，其中W4处理生长量最为迅速，远远超过其余处理，这时树体通过根系吸收的营养只体现在枝条的生长中。4月25日至5月5日，各处理的枝条生长量与上一阶段相比有所下降，生长势头不再迅猛，但并没有停止生长；5月5日至5月15日，枝条生长逐渐停止，树体吸收的养分逐渐向果实运输，说明库尔勒香梨树由营养生长阶段进入了生殖生长阶段。

对各处理4个时期枝条总生长量取平均值进行比较，W4（45.25 cm）＞W2（44.33 cm）＞W3（41.97 cm）＞W5（38.72 cm）＞W1（38.35 cm），其中W4、W2处理生长趋势最好，枝条长度分别为70.40 cm、69.29 cm，总生长量分别为45.25 cm、44.33 cm，W1处理枝条生长量最小，总生长量为38.35 cm，生长趋势最弱。

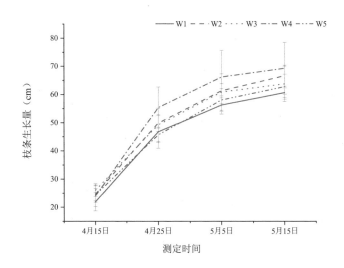

图1-6　不同灌水量对当年生枝条生长的影响

随着生育期的推移，库尔勒香梨树叶片SPAD值大体呈增加趋势（图1-7）。4月25日至5月26日，叶片SPAD值增加趋势明显，上升幅度极大，因为这段时间处于库尔勒香梨树生殖生长旺盛阶段，叶片内叶绿素含量较高；5月26日至6月25日，这段时间叶片SPAD值上升速率有所降低，但各处理的SPAD值在持续增加，并无停止；6月25日至7月24日，叶片SPAD值增加幅度极低，且W1、

W2、W3、W5处理的SPAD值有所下降，可能是与天气炎热、灌水不及时、营养供应不上等因素有关；7月24日至8月25日，SPAD值开始呈现出上升的趋势；8月25日至9月25日，此阶段各处理的SPAD值增加趋势不明显，甚至W4处理的SPAD值停止增加。

综上所述，不同灌水量之间的SPAD值会随着时间不断增加，且W3与W4处理下的叶片SPAD值较高。

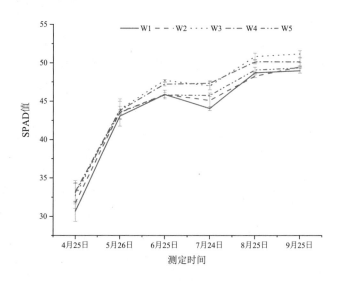

图1-7　不同灌水量处理下库尔勒香梨树叶片SPAD值的动态变化

在库尔勒香梨树生长发育过程中，不同灌水量会导致库尔勒香梨树当年枝条叶片与多年枝条叶片全氮含量产生一定差异。由图1-8可知，随着灌水量增加，当年枝条叶片全氮含量呈"增加-降低"趋势。前期库尔勒香梨树处于营养生长阶段，随着库尔勒香梨树的生长发育，体内积累了大量养分，因此这一阶段叶片养分含量较高，测定全氮结果较高，但6月以后，库尔勒香梨树由营养生长向生殖生长过渡，体内逐渐积累的养分向发育中的果实运输，叶片残留养分含量逐渐降低，因此这一阶段测定全氮含量较低。

6月，当年枝条叶片全氮含量由大到小依次为：W4、W3、W5、W2、W1，其中W5与W2处理全氮含量相近，分别为1.104 g·kg^{-1}、1.092 g·kg^{-1}；多年枝条叶片全氮含量规律为：W3 > W4 > W5 > W2 > W1，其中W3处理显著高于其余施氮处理（$P < 0.05$，下同），叶片全氮含量为1.176 g·kg^{-1}；W4处理显著高于W1与W2处理。

7月，与6月相比，各处理间当年枝条叶片全氮含量较低，W1处理显著低于其余处理，全氮含量为0.861 g·kg⁻¹；多年枝条叶片全氮含量最高的处理是W3处理，为1.031 g·kg⁻¹，最低的是W1处理，其全氮含量为0.847 g·kg⁻¹，两者之间差异为0.184 g·kg⁻¹。

8月，W3处理当年枝条叶片全氮含量显著高于其余处理，为1.005 g·kg⁻¹，W1处理最低，全氮含量为0.838 g·kg⁻¹；对于多年枝条叶片，各处理间全氮含量按从大到小顺序排列，依次为W3、W4、W5、W2、W1，其中W3处理显著高于W5、W2与W1处理，全氮含量为0.909 g·kg⁻¹，W2、W1处理显著低于其余处理，全氮含量分别为0.752 g·kg⁻¹、0.698 g·kg⁻¹。

9月，当年枝条叶片全氮含量规律为：W3 > W4 > W5 > W2 > W1，W3处理显著高于其余处理，除W3处理外，W4处理显著高于W5、W2、W1处理；对于多年枝条叶片，各处理间全氮含量规律为：W3 > W4 > W5 > W2 > W1，其中W3与W4处理远远高于其余处理，全氮含量分别为0.925 g·kg⁻¹、0.902 g·kg⁻¹。

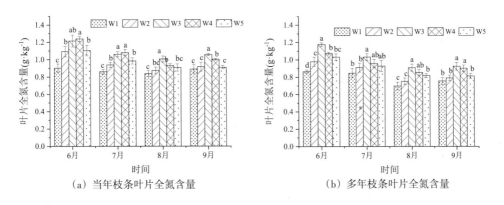

(a) 当年枝条叶片全氮含量　　　　　　　(b) 多年枝条叶片全氮含量

图1-8　不同灌水量对叶片全氮含量的影响

随着灌水量不同，库尔勒香梨树叶片全磷含量存在差异。由图1-9可知，当年枝条叶片全磷含量呈"增加-降低-增加"趋势，而多年枝条叶片呈"降低-增加"趋势。

6月，W1处理的当年枝条叶片全磷含量显著低于其余处理，为0.358 g·kg⁻¹，W4与W3处理的全磷含量较高，分别为0.686 g·kg⁻¹、0.678 g·kg⁻¹；对于多年枝条叶片，W3处理的叶片全磷含量显著高于其余处理，为0.550 g·kg⁻¹，除W3处理外，W4处理显著高于W2、W5、W1处理，其全磷含量为 0.504 g·kg⁻¹，W1处理叶片全磷含量显著低于其余处理，为 0.416 g·kg⁻¹；W2与W5处理的全磷含量相等，均为 0.454 g·kg⁻¹。

7月，当年枝条叶片全磷含量表现的规律为：W3＞W4＞W5＞W2＞W1，其中W3处理显著高于其余处理，其全磷含量为 1.099 g·kg⁻¹，而W1处理显著低于其余处理，其全磷含量为 0.445 g·kg⁻¹；对于多年枝条叶片，W1与W2处理显著低于其余处理，其全磷含量分别为 0.366 g·kg⁻¹、0.391 g·kg⁻¹。

8月，对于当年枝条叶片，W4与W3处理显著高于W5、W2、W1，且W4与W3处理全磷含量接近，分别为 0.758 g·kg⁻¹、0.745 g·kg⁻¹；对于多年枝条叶片，各处理间全磷含量从大到小排序依次为：W3、W4、W5、W2、W1，其中W3处理显著高于W1、W2处理，其全磷含量为 0.662 g·kg⁻¹。

9月，各处理间当年枝条叶片全磷含量变化趋势与8月当年生叶片相似，变化规律为：W4＞W3＞W5＞W2＞W1，其中W4与W3处理的全磷含量显著高于其余处理，分别为 0.800 g·kg⁻¹、0.774 g·kg⁻¹；对于多年枝条叶片，各处理间全磷含量变化趋势为：W3＞W4＞W5＞W2＞W1，其中，W1处理显著低于其余处理，全磷含量为 0.453 g·kg⁻¹。

综合分析，在不同灌水量处理下，叶片全磷含量表现为：当年枝条叶片＞多年枝条叶片，且W3、W4处理叶片全磷含量较高。

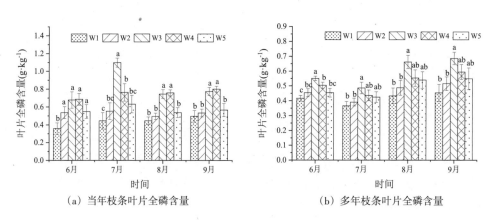

(a) 当年枝条叶片全磷含量   (b) 多年枝条叶片全磷含量

图1-9   不同灌水量对叶片全磷含量的影响

试验结果表明，在库尔勒香梨树生长发育进程中，不同灌水量处理下，库尔勒香梨园土壤 0～20 cm 土层硝态氮、铵态氮、碱解氮与速效磷含量整体呈

"增加-降低-增加"趋势。同一时期各处理间硝态氮、铵态氮、碱解氮与速效磷含量随着灌水量增加逐渐降低。库尔勒香梨园采取滴灌施肥方式，灌水量越大，地面越容易发生积水，致使库尔勒香梨园土壤表层养分含量较低，造成试验区土壤硝态氮与铵态氮含量分布不均，各处理之间差异较大。随着库尔勒香梨园土壤土层深度增加，硝态氮、铵态氮、碱解氮与速效磷含量随之降低；各处理土壤硝态氮、铵态氮、碱解氮与速效磷含量变化趋势大致为：0～20 cm >20～40 cm > 40～60 cm；铵态氮、硝态氮含量在幼果发育期和果实膨大前期时，个别处理含量较高，造成20～40 cm含量高于0～20 cm。开花期与其他月份相比，硝态氮、铵态氮、碱解氮与速效磷含量较低，这可能与当时施肥方式及施肥量有关联，4月开花期施肥方式为穴施，由于当时施花前肥，施肥量较低，且肥料移动性较差，植株根系对于养分吸收有限；果实膨大后期和果实成熟期，果农通过向库尔勒香梨园增施部分有机肥，促进果实生长发育。因此这两个月0～20 cm处硝态氮、铵态氮、碱解氮与速效磷含量较高。在库尔勒香梨树整个生育期中，0～20 cm处土壤碱解氮与速效磷含量分别保持在10.27～42.23 mg·kg^{-1}、34.01～134.92 mg·kg^{-1}，硝态氮与铵态氮含量分别保持在2.83～24.1 mg·kg^{-1}、2.75～10.83 mg·kg^{-1}；20～40 cm处土壤碱解氮与速效磷含量分别保持在4.43～20.53 mg·kg^{-1}、26.73～71.73 mg·kg^{-1}，硝态氮与铵态氮含量分别保持在1.17～12.33 mg·kg^{-1}、1.53～6.75 mg·kg^{-1}；40～60 cm处碱解氮与速效磷含量分别保持在0.47～8.63 mg·kg^{-1}、9.97～44.40 mg·kg^{-1}，硝态氮与铵态氮含量分别保持在0.83～9.67 mg·kg^{-1}、1.53 ～3.92 mg·kg^{-1}。这可能是由于灌水量不同，导致各个土层之间含水量有所差异，造成肥料迁移有所不同。

试验结果显示，在施肥量、气候条件等因素一致情况下，不同灌水量对库尔勒香梨树枝条生长量、叶片SPAD值、果实产量及品质有着显著差异。W3与W4处理当年生枝条生长速率较快、SPAD值较高。

综上所述，W3、W4处理对库尔勒香梨树生长有很好的促进作用。

三、芽的类型

芽按性质分为花芽、叶芽、副芽和潜伏芽。

1.花芽

库尔勒香梨的花芽为混合花芽，一个花芽形成一个花序，一个花序由多个花朵构成。大部分花芽为顶生，初结果幼树和高接树易形成一些侧生的腋花芽。一般顶生花芽质量高，所结果实品质好。

2.叶芽

叶芽着生在枝条顶端或叶腋，故有顶生、侧生两种。叶芽分化是有节奏的，全过程可分为四个时期：

（1）第一时期

自春季叶芽萌动时起，随着幼茎各节间的伸长，自下而上逐节形成腋芽原基。随着所在节的伸长与节上叶片的增大，芽原基由外向内分化鳞片原基并生长发育为鳞片，到所在节间及节上叶片停长后不久即暂停分化。顶叶芽自春季萌动时起，不断地进行分化与生长，要等到新梢停止生长后一定时期，顶芽才暂停分化。但有芽外分化枝的顶芽，要在新梢停止生长后，才开始第一分化时期。

（2）第二时期

第二时期一般要经过炎夏后才开始，在第一时期形成鳞片的基础上开始分化叶原基，并生长成幼叶，一般分化叶原基3～7片，直到冬季休眠时，才暂停分化。绝大部分芽在此时期中确定叶片数，以后不再增加。短梢一般都没有腋芽。中、长梢基部3～5节也为盲节，所以果树常用枝条基部的副芽作为更新用芽。

（3）第三时期

第三时期在越冬芽萌芽前进行。营养条件较好的芽方能进入第三时期，继续分化叶原基。

此时期，中、短梢可增加1～3片叶，中、长梢可增加3～10片叶。所以在栽培上，冬季通过修剪、肥水等管理，促使芽进入第三期分化，以增加枝叶量。以上三个时期均在芽内进行，称为芽内分化。库尔勒香梨芽内分化的叶片数，一般不超过14片。

（4）第四时期

着生位置优越、营养充足及生长势较强的芽，在芽萌发以后，先端生长点仍能继续分化新的叶原基，继续增加节数，一直到6～7月间，新梢停止生长以后才能再开始下一代顶芽分化的时期。此次分化是在芽外进行的，所以称芽外分化。芽外分化形成的新梢，一般都是强旺的长梢或徒长枝。但西洋梨的中、长梢都有芽外分化，仅基部6～8节、节间很短的部分为芽内分化的叶片，上部有较长节间的叶均为芽外分化的叶片。

3.副芽

副芽着生在枝条基部的侧方（图1-10）。在库尔勒香梨树腋芽鳞片形成初期最早发生的两片鳞片的基部，存在着潜伏性薄壁组织，腋芽萌发时，该薄壁组织进行分裂，逐渐发育为枝条基部副芽（也属于叶芽），因其体积很小，不易看到。该芽通常不萌发，受到刺激则会抽生枝条，故副芽有利于树冠更新。

图1-10　副芽形态图

4.潜伏芽

潜伏芽多着生在枝条的基部，一般不萌发。库尔勒香梨潜伏芽的寿命可长达十几年，甚至几十年，有利于树体更新。

第四节　花芽分化与开花结果习性

不同梨品种及不同的栽培条件，都对果树的果实品质有着不小的影响，因此，选育优良的梨品种，并对其实施相应的栽培技术就显得很重要。库尔勒香梨是新疆梨系中最具有代表性的梨品种。新疆有很多品种的梨树具有花粉量大、果实品质好、抗性较强，可以作为库尔勒香梨的辅栽树种，来丰富该地区的栽培种植结构。常文君等（2002）比较了15个新疆梨品种的果实品质，研究了梨育种材料果实性状品种间相似度和遗传多样性。曼苏尔·那斯尔等（2019）研究表明，库尔勒香梨自花授粉结实率不足1%，多以砀山酥梨和鸭梨作为库尔勒香梨的授粉树，单一的授粉树种导致库尔勒香梨出现坐果率低、果实偏小等劣势。章世奎等（2020）探讨了不同浓度的烯效唑处理下，库尔勒香梨树枝条的生长及果实品质的响应。目前对新疆梨的研究主要集中在库尔勒香梨的栽培种植及其资源评价方面，但对其他品种栽培种植及资源评价的研究相对较少。因此，需研究不同梨品种花期生物学、新梢生长及果实品质特征。本研究通过比较分析5个梨品种的花期生物学、新梢生长及果实品质特征，可为新疆巴州地区选择库尔勒香梨树的辅栽品种、授粉树配置及果实品质评价提供理论参考。

一、花芽分化

库尔勒香梨树的花芽分化一般分两个阶段，即生理分化阶段和形态分化阶段。生理分化一般在芽鳞形成的一个月内基本完成，以后即进入形态分化阶段，到10月份，形态分化已完成，出现花器的各原始体。此后，由于气温降低，树体开始正常落叶进入休眠状态，花芽分化暂停进行。次年开春后，随着气温回升，依靠树体上年贮藏的营养，花芽分化继续进行，直到开花前，进一步完成包括胚珠、花粉粒等各花器性器官的分化、增大和形成。

库尔勒香梨树花芽分化不仅时间较长，而且隔年分化。显然库尔勒香梨树花芽分化质量与果实采收后的管理关系密切。所以，库尔勒香梨树果实采后管理是一年管理工作的开始，也是争取下一年稳产、丰产的基础。

二、花芽

从外形上鉴别，梨树花芽比叶芽要粗壮。梨树枝梢停长早，故大多数梨品种，花芽均容易形成。按照花芽着生部位不同，一般把梨树花芽分为两种，即由顶芽分化发育而成的顶花芽和由腋芽分化发育而成的腋花芽。顶花芽坐果率通常比腋花芽坐果率高。

三、开花

1.试验材料

试验地位于新疆巴音郭楞蒙古自治州库尔勒市沙依东园艺场。供试材料为库尔勒香梨、雪香、新梨7号、玉露香和红香酥5个品种，树龄10 a，树体健康，树形相近，栽培管理方式一致。

2.生物学特性

（1）开花物候期

3月初，对5个梨品种的萌芽期（全树25%的花芽膨大鳞片错开）、初花期（梨树5%的花开放）、盛花期（全树50%的花开放）、落花始期（全树5%的花正常脱落）及落花末期（全树95%的花瓣脱落）进行观测记录。

（2）花器官特征

在盛花期，每个梨品种随机选取30朵盛开的完全花，使用游标卡尺对每朵花的花冠直径，花瓣纵、横径，花药的长度和宽度，花丝长度，花柱长度进行测量，观察并记录雄蕊、雌蕊、花瓣和花朵的数量，雌蕊和花瓣的颜色及花瓣的位置。

（3）花粉量

每个品种选取未开放的10朵饱满的花蕾，剥出花药放置于2 mL离心管中，并记录花药数量。待花药自然散粉后，注入1 mL蒸馏水，离心机上10000 r/min离心5 min，吸取1μL稀释液滴于载玻片上，在显微镜下统计花粉粒数并计算单花药花粉量，重复5次。

（4）花粉活力

在初花期，选取未开放的梨花花药，置于手工制作的硫酸纸盒中，待其自然散粉后分别装于2 mL离心管中。以10%蔗糖和1%琼脂制作培养基，倾倒于载玻片上，形成均匀的薄层，待其冷却后，使用棉签蘸取少量花粉，弹拨于培养基上，25 ℃恒温箱、黑暗湿润条件下培养4 h，在显微镜下选取5个视野，统计花粉萌发数，计算萌发率（花粉萌发数/花粉总数×100%），重复5次。

（5）柱头可授性

利用联苯胺–过氧化氢法进行测定：将联苯胺–过氧化氢反应液（V_1 : V_3 : $V_水$=4 : 11 : 22）滴于凹面载玻片凹陷处，联苯胺在溶解过程中适当加入盐酸并加热。将柱头浸入反应液中，根据柱头周围蓝色出现的时间和气泡数量判断柱头可授性。

经过冬季休眠后，花芽内花器各器官的分化发育随气温回升开始加快完成，表现为花芽体积不断增大，直至花芽萌动开绽。在正常气候条件下，长江流域梨产区的花芽开绽期多在3月中下旬。梨花芽开绽后，随之就出现现蕾、花蕾分离、花瓣伸展和开花等各个阶段。一般始花在3月底至4月初，花期10~15 d。梨树开花的迟早和花期长短，因气候、品种而有所差异。若花期前后气温高，雨水少，则开花早，花期短。一般初花期2 d左右；盛花期5~8 d；终花期3~5 d。

在正常情况下，梨树一年只开花一次，但也有秋季9~10月发生二次开花的现象。其主要原因是由于栽培管理不善或遇不可抗拒的外力影响所致。如病虫危害、严重干旱、遭强台风侵袭等，导致提早落叶，刺激树体被迫休眠，蒸腾作用大幅度降低，而根系吸收的水分和无机盐类仍不断上运，细胞液深度降低，已通过质变期的花芽发育进程加快，后又遇适宜气候，使花芽随即开放，从而出现一年开花两次的现象。梨树秋季开花，不仅大大减少了来年的花量，而且消耗了大量的树体营养，故对次年梨树产量影响极大。

梨绝大多数品种是先开花后展叶。由混合芽萌发的伞房花序，一般由5~8朵花组成。花序着生在由混合芽内雏梢发育而成的结果枝上端。就一个花序而言，一般基部花先开，中心花后开，呈向心开放顺序。一般初花期的花授粉受精质量高，坐果率高；由基部花发育而成的果实较大。

由雏梢发育而成的结果枝叶腋内，常能抽发1~2个果台副梢，其部分顶芽也能在芽内分化发育成顶花芽，且能随着结果枝上顶花芽的开放而开放，只是时间上迟10~20 d，生产上称该花为梨树的晚帮花。由于该花发育时间短，分化也不完全，故不能正常结实膨大，生产上宜尽早疏去。

果台副梢一般以每果台抽2个居多。只要树体营养好，一般果台副梢当年就能发育形成良好的结果母枝。梨树修剪时也常利用果台副梢作为结果枝组的更新和结果母枝的培养，一般疏一留一或截一留一。果台副梢的多少及强弱与品种的特性和树体营养状况等有关，这也是鉴定生产梨园管理好坏的重要指标之一。

3.结果

（1）不同梨品种开花物候期比较

研究表明（表1-9），除了红香酥外，其余4个品种的花期较为接近，分别在4月8日和9日进入初花期；4月10日和12日进入盛花期；4月16日和17日进入落花期。库尔勒香梨和雪香盛花期持续了7 d，较其他品种持续时间长。红香酥的花期较其他品种晚，比库尔勒香梨和雪香晚4d进入盛花期，比新梨7号和玉露香晚2d进入盛花期，且盛花期持续时间为6d。新梨7号盛花期持续了4d，持续时间在所有品种中最短。

表1-9 不同梨品种开花物候期比较

品种	萌动期（日-月）	初花期（日-月）	盛花期（日-月）	落花始期（日-月）	落花末期（日-月）	果实成熟期（日-月）
库尔勒香梨	26-03	08-04	10-04	17-04	23-04	03-09
雪香	26-03	08-04	10-04	17-04	21-04	26-08
新梨7号	25-03	09-04	12-04	16-04	20-04	25-07
红香酥	28-03	11-04	14-04	20-04	24-04	08-09
玉露香	27-03	09-04	12-04	17-04	21-04	02-09

（2）不同梨品种花器官差异比较

研究表明（表1-10），新梨7号的花冠直径、花瓣纵径及横径均显著小于其他品种。玉露香的花冠直径、花瓣纵径及横径、花药长度及宽度、花丝长度、花柱长度与库尔勒香梨最为相近。除花药宽度和雄蕊数量外，雪香和新梨7号的花形态较为相似。5个梨品种的雄蕊数均在20枚左右，雌蕊均为5枚，新梨7号和玉露香的雌蕊颜色一致，库尔勒香梨和雪香的雌蕊颜色较深，红香酥的雌蕊颜色较浅。5个梨品种中，除雪香花序上的小花有4~8朵外，其余4个品种的花序上的小花均只有3~7朵，5个梨品种中花瓣均为白色5瓣花，除新梨7号的花瓣之间是邻接的，其余4个品种花瓣之间都是分离的。

表1-10 不同梨品种花器官特征比较

品种	雄蕊数	雌蕊数	花瓣数	花朵数	雌蕊颜色	花瓣颜色	花瓣位置
库尔勒香梨	19~25	5	5	3~6	紫红	白色	分离
雪香	20~25	5	5	4~8	紫红	白色	分离
新梨7号	17~20	5	5	3~6	粉色	白色	分离
红香酥	19~22	5	5	3~6	浅粉色	白色	分离
玉露香	18~21	5	5	3~7	粉色	白色	分离

续表1-10

品种	花冠直径 (mm)	花瓣纵径 (mm)	花瓣横径 (mm)	花药长度 (mm)	花药宽度 (mm)	花丝长度 (mm)	花柱长度 (mm)
库尔勒香梨	36.16a	15.41ab	12.68ab	2.24a	1.54a	7.92a	8.34b
雪香	33.52b	14.49b	11.86b	1.59b	0.79b	5.73c	5.67d
新梨7号	25.13c	11.10c	8.88c	1.58b	0.91b	4.56d	5.83cd
红香酥	34.27ab	15.95a	11.98b	1.52b	0.91b	4.48d	6.59c
玉露香	36.24a	16.28a	13.61a	2.12a	1.48a	6.83b	9.50a

注：同列内不同小写字母表示差异显著（$P < 0.05$），下同。

（3）不同梨品种柱头可授性差异比较

研究表明（表1-11），开花的第1～3 d，5个梨品种的柱头可授性极强，柱头在反应液中迅速变蓝，并出现多个气泡。红香酥和新梨7号的柱头可授性从第3 d开始逐渐减弱，出现气泡数量减少。在第6 d，新梨7号、红香酥和玉露香3个品种基本没有柱头可授性；而雪香和库尔勒香梨在第7 d基本没有柱头可授性，且2个品种柱头可授性较为相似。

表1-11　不同梨品种柱头可授性比较

品种	大蕾期	开花 第一天	开花 第二天	开花 第三天	开花 第四天	开花 第五天	开花 第六天	开花 第七天
库尔勒香梨	+	+++	+++	+++	++	+	+	—
雪香	+	+++	+++	+++	++	++	+	—
新梨7号	+	+++	+++	+++	+	—	—	—
红香酥	+	+++	+++	+++	+	—	—	—
玉露香	+	+++	+++	+++	+	—	—	—

注：+表示等待一段时间变淡蓝色，少量气泡冒出；++表示变蓝，柱头上缓慢出现几个气泡；+++表示立即变蓝并快速出现多个气泡；—表示不变色，基本不出现气泡。

（4）不同梨品种花粉量及花粉活力差异比较

研究表明（表1-12），新梨7号单个花药花粉量为0，说明新梨7号具有雄性不育性特性。雪香的单个花药花粉量与库尔勒香梨最为接近，均在4000粒以上；红香酥和玉露香单个花药花粉量较少，在2000粒左右。库尔勒香梨的花粉萌发率为46.44%，雪香的为48.58%，略高于库尔勒香梨。红香酥和玉露香的花粉萌发率显著低于库尔勒香梨和雪香，其中玉露香又显著低于红香酥。

表1-12　不同梨品种花粉量及花粉活力差异比较

品种	库尔勒香梨	雪香	新梨7号	红香酥	玉露香梨
单花药花粉量（粒）	4785a	4679a	0d	2310b	1868c
花粉萌发率（%）	46.44a	48.58	0d	36.75b	16.48c

（5）不同梨品种坐果率差异比较

研究表明（表1-13），5个梨品种自花授粉坐果率均低于5%，均表现为自交不亲和性。而经自然授粉后，库尔勒香梨、雪香和红香酥的坐果率分别为52.8%，54.4%及46.07%，且显著高于新梨7号和玉露香。

表1-13　不同梨品种坐果率比较

品种		库尔勒香梨	雪香	新梨7号	红香酥	玉露香梨
坐果率	自花授粉（%）	4.01a	3.19a	0a	4.9a	4.06a
	自然授粉（%）	52.8a	54.4a	0b	46.07b	45.00b

四、授粉受精

梨属异花授粉果树，自花结实率很低，甚至不能结果，所以在生产上必须配置授粉树。梨树授粉树的选择和配制，必须遵循以下几条原则：①花期相遇或基本相遇；②花粉亲和性好，花粉量大，且发芽率高；③授粉品种果实品质好，也可以是主栽品种互为授粉品种；④授粉树配制比例，一般应达到主栽品种的25%～30%。目前，在早熟优质梨发展过程中，生产上常用翠冠、清香或黄香、黄花互作授粉树，效果很好。沿海地区由于常受台风侵袭威胁，故在早熟梨栽培中，应选择8月10日前成熟的品种作为授粉树。

梨花具有授粉受精能力的时间一般仅5 d左右。因此，老梨园或授粉树配制比例不足的生产园，若进行人工辅助授粉时，应重点选择花序基部刚开的1～3朵花进行授粉，以期事半功倍。

新梨7号单个花药花粉量为0，说明新梨7号具有雄性不育性特性；雪香单花药花粉量及花粉萌发率分别为4000多粒和48.58%，与对照相近，显著高于其他品种，且自然授粉坐果率高，达54.40%；玉露香花粉活力相对较低，但其花期与对照相近。因此，可选择雪香和玉露香2个品种作为库尔勒香梨的授粉树。新梨7号糖酸比为6.71，VC含量为25.84，显著低于对照，但其属于早熟品种；雪香糖酸比为11.31，与对照相差不大；玉露香糖酸比高于库尔勒香梨，VC、可溶性固形物含量与对照相近。雪香和新梨7号果实品质较为相似，因此，新梨7号、雪香及玉露香可以作为库尔勒香梨的辅栽品种。

五、坐果与落果

梨属于坐果率高的果树种类。在正常管理情况下，只要授粉受精良好，一般均能达到丰产目的。

梨树正常的生理落果，其实是梨在系统发育过程中所形成的一种自疏现象，不构成生产威胁。只有因不良气候或管理失误而引起严重落果，才会对当年的产量造成影响。梨树正常的生理落果一般有三次高峰：第一次一般出现在4月上旬末，认为大多是授粉受精不良所引起；第二次出现在4月下旬末；第三次一般从5月上中旬开始。后两次主要由于树体营养不良或营养供求失衡造成。南方地区，此期若雨水偏多，甚至阴雨绵绵，就容易导致根系生长及吸收受阻，光合能力下降，新梢呈徒长性生长，可能出现落果加重现象。

1.果实品质特征

（1）外在品质

记录5个梨品种果实的成熟时间，并参照牛佳佳等（2021）对梨品种综合品质的评价分析，包括观察果实形状、果点大小、果点密度、果实底色、果面盖色、着色程度。游标卡尺测量果实纵横径，果梗纵横径，计算果形指数，单果重，并统计单果种子数量。

（2）内在品质

每个品种果实成熟后采集30个果实，并记录成熟时间。使用GY2-1型果实硬度计测定果实硬度，使用PR2-100型折光仪测定可溶性固形物含量，采用2,6-二氯靛酚滴定法测定果实VC含量，酸碱中和滴定法测定可滴定酸含量，硫酸-蒽酮比色法测定可溶性糖含量。

2.结果

(1) 不同梨品种果实外在品质比较

研究表明（表1-14），库尔勒香梨的单果重、果实纵横径及果梗纵径在5个梨品种中是最小的。玉露香单果重是最大的，其单果重可达258.03 g，果形指数接近1，为圆形。雪香和新梨7号与库尔勒香梨果形指数相近，但果实纵横径均显著大于库尔勒香梨，其中雪香为扁圆形，新梨7号为卵圆形。红香酥果形指数最大，为纺锤形；玉露香果形指数接近1，为圆形，它也是5个梨品种中果实纵横径最大的。5个梨品种中，玉露香的果面底色为绿色，其余4个品种底色均为黄绿色，库尔勒香梨盖色较浅，其余4个品种盖色均为暗红色，且5个品种均为部分着色。雪香的果点较大，且果点密度较高，其余4个品种果点较小，且果点密度较低。红香酥种子数较多，每个果实中有8~10粒种子，其余4个品种种子数较少，每个果实中有6~8粒种子。

表1-14 不同梨品种外在品质比较

品种	单果重（g）	果实纵径（mm）	果实横径（mm）	果形指数	果梗纵径（mm）	果梗横径（mm）
库尔勒香梨	134.08c	61.86c	55.29c	1.12ab	27.71c	3.30b
雪香	192.04b	74.90b	68.60b	1.10b	39.51b	2.78b
新梨7号	193.10b	77.14ab	70.14b	1.10b	29.62c	2.63b
红香酥	183.78b	79.33ab	66.47b	1.19a	40.56b	6.12a
玉露香	258.03a	83.64a	81.98a	1.02c	43.68a	3.42b

品种	果实形状	果面底色	果面盖色	着色程度	果点大小	果点密度	种子数（粒）
库尔勒香梨	卵圆形	黄绿色	淡红色	部分	小	疏	6~8
雪香	扁圆形	黄绿色	暗红色	部分	大	密	6~8
新梨7号	卵圆形	黄绿色	暗红色	部分	小	疏	6~8
红香酥	纺锤形	黄绿色	暗红色	部分	小	疏	8~10
玉露香	圆形	绿色	暗红色	部分	小	疏	6~8

（2）不同梨品种果实内在品质比较

研究表明（表1-15），5个梨品种中，库尔勒香梨硬度最大，为7.60 kg·cm^{-2}，其次是红香酥和玉露香，分别为6.35 kg·cm^{-2}和6.31 kg·cm^{-2}，最后是雪香和新梨7号，分别为5.38 kg·cm^{-2}和4.89 kg·cm^{-2}。玉露香的可溶性固形物含量相较于其余3个品种最接近库尔勒香梨，其余3个品种可溶性固形物含量均显著低于库尔勒香梨。红香酥的VC含量显著高于其余4个梨品种，在45 mg·kg^{-1}左右，玉露香和库尔勒香梨VC含量在30～40 mg·kg^{-1}，雪香和新梨7号VC含量最低，在20～30 mg·kg^{-1}之间。雪香的可溶性糖含量与库尔勒香梨最为接近，玉露香可溶性糖含量显著高于库尔勒香梨，新梨7号和红香酥显著低于库尔勒香梨。红香酥可滴定酸含量最高，其次是新梨7号和库尔勒香梨，雪香和玉露香的可滴定酸含量相对较低。5个梨品种的糖酸比由大到小为：玉露香＞雪香＞库尔勒香梨＞新梨7号＞红香酥。

表1-15　不同梨品种内在品质比较

品种	果实硬度 (kg·cm^{-2})	可溶性固形物含量(%)	VC含量 (mg·kg^{-1})	可溶性糖含量 (g·kg^{-1})	可滴定酸含量 (g·kg^{-1})	糖酸比
库尔勒香梨	7.60a	12.90a	36.72b	7.64b	0.74c	10.39a
雪香	5.38c	10.96c	24.65d	7.61b	0.67c	11.31a
新梨7号	4.89c	10.42c	25.84cd	6.13c	0.92b	6.71b
红香酥	6.35b	11.44bc	47.72a	6.77bc	1.18a	5.77b
玉露香	6.31b	12.16ab	32.29bc	9.09a	0.71c	13.15a

第五节　库尔勒香梨果实发育

库尔勒香梨果实的可食部分是由花托发育而成，子房发育形成果心，胚珠发育成种子。早熟品种的果实发育期一般在4个月左右。根据果实的生长发育规律和特点，一般分三个时期：

一、果实快速增大期

果实快速增大期从子房受精后开始膨大起，到幼嫩种子开始出现胚为止。该期主要是花托和幼果的细胞迅速分裂，由于细胞数目的不断增加和堆积，果实体积快速增大，表现为果实纵径比横径增加更明显，因此，幼果在该期呈椭圆形。

二、果实缓慢增大期

果实缓慢增大期自胚出现到胚发育基本充实为止。该期主要是胚迅速发育增大，并吸收胚乳逐渐占据种皮内全部胚乳的空间，而果肉和果心部分体积增大缓慢，变化不大。因此，此期果实外观变化不明显，属缓慢增大期。

三、果实迅速膨大期

此期从胚占据种皮内全部空间到果实发育成熟为止。该期主要是果肉细胞体积和细胞间隙容积的迅速膨大，使果实体积、重量随之迅速增加，特别是果实横径的显著变化，使果实形状发生根本性改变，最终形成品种之固有果形。此期，种子体积增大很少或不再增大，而种皮却逐渐由白色变为褐色，进入种子成熟期。

库尔勒香梨果实的发育、膨大与气候条件关系密切。晴天，一般以晚上膨大为主；阴天，膨大速度就不及晴天。雨天由于空气湿度大，叶片蒸腾拉力小，使树体吸肥、吸水能力减弱，膨大少甚至不膨大，或异常膨大造成裂果，尤其是后膨大期，若高温干旱后骤降暴雨，往往会引起未套袋果实的大量裂果，造成严重损失。库尔勒香梨果实膨大速度，尤以雨后初晴第一天最快，常呈直线膨大，第二天起，膨大速度就明显下降。

1.研究背景和目的

新疆南疆属于大陆干旱气候区域，几十年来，由于对生态环境保护重视不足，水资源开发利用不合理，过度利用，效率低，浪费严重等问题，致使农业灌溉发展形势上面临着严重缺水的危机。库尔勒香梨树是需水量较多的树种，对水分的反应也较为敏感。目前生产灌溉方式主要以大水漫灌为主，水分利用率极低。随着连年干旱少雨和水资源减少，节水灌溉是新疆库尔勒香梨产区的发展趋势，灌溉时间及灌溉量应该根据库尔勒香梨树的生长发育时期和降水、土壤含水量而定，适宜的土壤含水量有利于果实生长发育和提早成熟（张振华等，2002）。依据库尔勒香梨树生长期需水特点科学供水，保证代谢活动的正常进行，有利于提高品质，增加产量，增强树势。大量试验研究表明，进行适当的节水灌溉可提高果实的综合品质。目前新疆地区对于不同灌溉方式对库尔勒香梨果实品质的影响鲜有报道。研究不同灌溉方式对新疆库尔勒香梨的影响，进行多变量分析就尤为重要。本试验以16年生库尔勒香梨为试材，研究了沟灌、滴灌与漫灌3种灌溉方式对库尔勒香梨果实品质的影响，以期为节水灌溉技术在库尔勒香梨园的推广应用提供理论依据。

2.材料与方法

供试对象为长势和大小较为一致的16年生库尔勒香梨树，株高约4.5 m，株行距为4 m×5 m，南北行向，试验于2019年3～9月份在新疆生产建设兵团一师果园中进行，该地区蒸发量为1403.65 mm，降水量30.25 mm。试验设计以3棵树为1小区，每小区1个处理，随机排列，重复3次。沟灌处理的库尔勒香梨树于每排树前挖一条沟，从库尔勒香梨树盛花期后至果实成熟期，开始沟灌，基本为每隔20 d沟灌一次，共七次，灌水量为蒸发量的80%。滴灌试验区常年连续漫灌，2019年开始由漫灌改滴灌。滴灌管铺设为1行2管，即在树行两侧100 cm处各布置1根滴灌管。每根滴灌管与库尔勒香梨树根部对应只有1个滴头灌水，滴头流量为3 L/h，按照全生育期灌水量为蒸发量的80%进行灌溉。大水漫灌设置3个处理（表1-16），分别为3-1、3-2和3-3，其中3-1为对照组，大水漫灌根据库尔勒香梨梨民灌水经验进行灌溉，灌水定额为300 mm，从盛花期后开始大水漫灌，基本为每隔20 d大水漫灌一次，√为灌溉，×为不灌溉。

表1-16　漫灌试验设计

处理	盛花期后	新梢生长期	幼果发育期	果实膨大前期	果实膨大后期	果实成熟期
3-1	√	√	√	√	√	√
3-2	√	×	×	√	√	×
3-3	√	×	√	√	√	×

（1）脱萼率调查

花后30 d，调查自然条件下香梨的脱萼率。

脱萼率（%）=脱萼果/总果数*100%

（2）果实的色泽

果实的色泽使用色差仪测定。

（3）果实的单果重、纵径、横径、1 cm² 果点数

用电子秤称量出库尔勒香梨果实的单果重，并记录数据。利用游标卡尺测量出每个样品果实的纵径与横径，算出果形指数系列数据，并记录。

（4）果肉硬度及皮厚

利用硬度计测量有关果实硬度的相关数据。用游标卡尺对果实皮厚进行测量，取3次平均值并记录。

（5）果实可溶性固形物、VC、可滴定酸、石细胞的含量

利用手持式折光仪可以测定可溶性固形物的含量。用酶标仪法测定果实 VC 含量，取3次平均值。利用 NaOH 滴定法测定果实可滴定酸含量，并以果实可溶性固形物含量与可滴定酸含量的比值描述固酸比；取库尔勒香梨果实5～10个，削去梨皮，按果实四分法取样（注意勿将果心周围的石细胞取入），称果实200 g，放入塑料袋中，置于低温冰箱中（−16～20 ℃）过夜。次日将果肉样品从冰箱取出，待解冻后加水约100 mL，用组织捣碎机捣碎（1500转/min）1 min，取出放入500 mL大烧杯中，约加200 mL水，用玻璃棒搅拌，倒去上层物，反复3～4次，最后呈现在下面的是颗粒完整的石细胞。分别用孔径0.5 mm和0.25 mm的分样筛过筛，得到完整的直径大于0.5 mm和直径在0.25～0.5 mm的石细胞。用滤纸吸干石细胞表面水分，分别称重。

沟灌、滴灌与漫灌对照（3−1）处理脱萼率呈显著性差异，且滴灌处理的香梨果实脱萼率显著高于沟灌处理的（表1−17）。与对照（3−1）处理相比较，沟灌与滴灌处理的脱萼率增加了11.66%、20.33%。3种漫灌处理中，3−3处理的果实脱萼率与3−1处理呈显著性差异，3−3处理的果实脱萼率增加了4%，而3−2处理与3−1处理的果实脱萼率差异不显著，脱萼率增加了1%。综合说明滴灌更利于香梨果实脱萼。

表1-17　不同灌溉方式对香梨果实脱萼率的影响

灌溉方式	沟灌	滴灌	3-1	3-2	3-3
脱萼率(%)	46.33b	55a	34.67d	35.67d	38.67c

沟灌处理的果实着红部位较少，表皮富有光泽，果梗基部变粗（彩图7）；但宿萼果大小存在一定差异，脱萼果大小较为均匀。滴灌处理的宿萼果、脱萼果果实大小均匀；有光泽，着红部位较少；果形整体呈卵圆形；果梗基部较沟灌处理的果实细，但仍有突起。大水漫灌对照组（3-1）处理果实整体呈现圆形或卵圆形，大小均匀，但果实个头较小；宿萼果果实表皮无着红部位，光泽度较差，脱萼果存在部分着红。3-2处理的果实宿萼果与脱萼果表皮着红部位均较多，富有光泽；果梗基部较细；宿萼果形状偏长圆形，脱萼果呈圆形或卵圆形。3-3处理的果实大小均匀，呈椭圆形；表皮基本无着红，果点印记相对突出。

五种不同灌溉方式处理的宿萼果中，对照组（3-1）处理的平均果肉硬度最低，沟灌处理的平均果肉硬度最高。但对于脱萼果来说，3-1灌溉方式的脱萼果平均果肉硬度是最高的，3-3处理的脱萼果综合平均果肉硬度最低。3种灌溉方式中，与对照相比，滴灌方式更有利于减小果肉硬度，并与3-1处理差异显著，详见表1-18。

表1-18　不同灌溉方式对香梨果实外观品质的影响

项目	横径(mm)	纵径(mm)	果形指数	单果重(g)	果肉硬度(Pa)
沟灌宿萼果	48.14±2.02d	60.7±3.18bc	1.17±0.04ab	80.24±9.49d	3.12±0.46abc
沟灌脱萼果	47.02±3.11d	51.03±2.35f	1.09±0.08cd	58.86±7.91e	3.06±0.63abc
滴灌宿萼果	57.26±2.89b	67.3±3.08a	1.18±0.07a	109.62±14.81ab	2.85±0.42bc
滴灌脱萼果	53.35±2.89c	58.76±3.98cd	1.10±0.05bcd	84.16±13.62d	2.75±0.35bcd
3-1宿萼果	55.71±2.21bc	63.23±8.07ab	1.13±0.11abc	97.48±15.86bc	2.39±0.47d
3-1脱萼果	53.26±2.68c	55.24±4.32de	1.04±0.04de	81.33±15.84d	3.44±0.34a
3-2宿萼果	60.25±3.67a	66.77±7.08a	1.11±0.29abcd	120.78±23.12a	3.19±0.33ab
3-2脱萼果	58.07±1.31ab	58.17±2.20cd	1.00±0.03e	102.75±9.88b	2.96±0.37bc
3-3宿萼果	54.59±2.22c	58.39±3.01cd	1.07±0.07cd	87.60±7.57cd	2.68±0.25cd
3-3脱萼果	47.50±2.88d	53.48±1.14ef	1.13±0.1abc	59.65±10.46e	2.35±0.62d

除沟灌处理的脱萼果可溶性固形物含量与3-3处理的宿萼果的可溶性固形物含量存在显著差异外，其他处理的可溶性固形物含量差异不明显。沟灌处理的宿萼果VC含量与其他两种灌溉方式差异显著，说明沟灌更有利于增加宿萼果的VC含量。大水漫灌的3种处理方式，脱萼果VC含量排序为：3-2 < 3-3 < 3-1；脱萼果可溶性固形物含量排序则为：3-3 < 3-2 < 3-1。漫灌处理中对照组的VC与可溶性固形物含量均高于另外两种灌溉方式，详见表1-19。

表1-19　不同灌溉方式对香梨果实可溶性固形物与VC含量的影响

项目	沟灌宿萼果	沟灌脱萼果	滴灌宿萼果	滴灌脱萼果	3-1宿萼果	3-1脱萼果	3-2宿萼果	3-2脱萼果	3-3宿萼果	3-3脱萼果
可溶性固形物(%)	13.01±1.25ab	13.74±1.36a	13.49±1.09ab	13.08±1.14ab	13.43±1.01ab	13.18±1.13ab	12.91±0.63ab	13.23±0.86ab	12.35±1.05b	13.23±1.17ab
VC (mg·100 g^{-1})	0.22±0.07a	0.11±0.004bc	0.09±0.01c	0.11±0.004bc	0.14±0.04b	0.12±0.02bc	0.09±0.01c	0.09±0.007c	0.10±0.005c	0.13±0.03b

滴灌与沟灌处理使石细胞数量增加，不利于果实的口感。3种漫灌处理中，与对照相比较，除3-2处理的宿萼果0.25 mm石细胞含量降低外，3-2与3-3处理的石细胞含量均有所增加，但增加幅度不大。3种灌溉方式中，沟灌与滴灌处理的石细胞含量显著大于3-1处理，其中宿萼果0.5 mm标准石细胞含量从大到小依次为：滴灌 > 沟灌 > 3-3 > 3-2 > 3-1；脱萼果中0.5 mm标准石细胞含量从大到小依次为：沟灌 > 滴灌 > 3-2 > 3-3 > 3-1。由此可知，与对照宿萼果和脱萼果的0.5 mm石细胞含量相比，其他处理均会使石细胞含量增加，详见表1-20。

表1-20　不同灌溉方式对香梨果实石细胞含量的影响

项目	沟灌宿萼果	沟灌脱萼果	滴灌宿萼果	滴灌脱萼果	3-1宿萼果	3-1脱萼果	3-2宿萼果	3-2脱萼果	3-3宿萼果	3-3脱萼果
0.25 mm石细胞含量(g)	0.28c	0.72a	0.56b	0.48b	0.13d	0.13d	0.11d	0.29c	0.17cd	0.15d
0.5 mm石细胞含量(g)	0.86bc	1.48a	1.65a	1.07b	0.55cd	0.50d	0.61cd	1.08b	0.61cd	0.55cd

沟灌处理的果实综合角质层厚度最厚，其次是3-1处理，数值最低的为3-3处理的果实。分析5种处理中宿萼果的角质层，滴灌处理的最低，3-2处理的最

高。宿萼果、脱萼果果皮结构差异见彩图8。

五种灌溉方式的宿萼果中，沟灌处理的最低，而3-2处理的数值最高。宿萼果果皮层中沟灌处理、3-1处理、3-3处理相差不大，滴灌处理与3-2处理差异不大。果实表皮皮层脱萼果综合排序为：3-2 > 沟灌 > 滴灌 > 3-1 > 3-3。宿萼果木栓层厚度排序为：沟灌 < 滴灌 < 3-3 < 3-1 < 3-2。无论是宿萼果还是脱萼果，采用沟灌处理的果实表皮木栓层最高（表1-21）。

表1-21 不同灌溉方式对香梨果皮各结构厚度的影响

项目	沟灌宿萼果	沟灌脱萼果	滴灌宿萼果	滴灌脱萼果	3-1宿萼果	3-1脱萼果	3-2宿萼果	3-2脱萼果	3-3宿萼果	3-3脱萼果
蜡质层（μm）	3	4.3	2.7	2.4	3.2	3.6	3.3	4	3.9	2.9
角质层（μm）	4.8	8.7	3.1	4.2	4.6	4.4	4.8	3.7	3.3	3
皮层（μm）	6	14.1	9.4	8.6	6.6	8.9	9.6	11.1	6.7	8.2
木栓层（μm）	9.4	25.4	11.7	15.5	13.8	20.1	23.3	21.1	14.6	21.7

根据主成分分析得到相关矩阵的特征值、特征值的方差贡献率以及累计值贡献率，由主成分个数提取原则（主成分对应的特征值大于1），可取前3个主成分作为评价的综合指标，且前3项特征值的累计贡献率达到87.258%，即前3个主成分可以代表全部资源87.258%的信息量，详见表1-22。

表1-22 主成分方差贡献率及累积贡献率

No	特征值	方差贡献率（%）	累计方差贡献率（%）
1	3.485	38.718	38.718
2	2.747	30.523	69.241
3	1.622	18.017	87.258
4	0.696	7.736	94.993
5	0.365	4.052	99.046
6	0.071	0.787	99.833
7	0.015	0.162	99.994
8	0.001	0.006	100.000
9	0.000	0.000	100.000

不同灌溉方式分别对应的第1主成分、第2主成分、第3主成分为D1、D2、D3，主成分综合得分为D，根据综合得分D值的大小对不同灌溉处理的果实综合品质进行排序，由排序结果可知，滴灌处理宿萼果的果实品质最好，其次为3-2宿萼果、沟灌脱萼果，3-3脱萼果的果实综合品质最差，其次为3-1脱萼果、3-3宿萼果，这说明适当地减少灌溉量可以提高库尔勒香梨的综合品质，详见表1-23。

表1-23 不同灌溉处理果实综合品质评判结果

处理	D1	D2	D3	D	排序
滴灌宿萼果	1.6452	1.5132	0.386	116.8032643	1
3-2宿萼果	1.789	−0.3868	−0.1883	47.55885796	2
沟灌宿萼果	−0.4554	−0.2551	2.7137	25.87707516	3
滴灌脱萼果	−0.2358	0.7313	−0.3132	10.2062539	4
沟灌脱萼果	−1.5198	2.0167	−0.23	8.86580718	5
3-1宿萼果	0.5252	−0.7988	0.6819	4.78322706	6
3-2脱萼果	0.1038	0.0181	−1.4989	−23.69577128	7
3-3宿萼果	0.0062	−1.2053	−0.587	−51.13227962	8
3-1脱萼果	−0.362	−0.6513	−0.9188	−51.95318664	9
3-3脱萼果	−1.4642	−1.0403	0.0236	−86.82413742	10

沟灌处理的脱萼果石细胞与可溶性固形物含量较高，滴灌处理的宿萼果果肉硬度、石细胞含量、可溶性固形物均高于其他各处理，而3-1处理的脱萼果果形指数较高，沟灌处理的宿萼果与3-3处理的脱萼果VC含量高于其他处理。而3-1处理与3-3处理的宿萼果果实品质较差，这说明漫灌不适于库尔勒香梨的宿萼果果实品质的提高。综合可知，滴灌处理及沟灌更有利于提高香梨的果实品质。

结果表明，适当地进行节水灌溉不但可以促进果实膨大生长，而且还能有效地调节果实硬度。可溶性固形物在滴灌处理宿萼果中含量最高；沟灌的果实VC含量最高；漫灌处理中对照组的VC与可溶性固形物含量均高于另外两种灌溉方式；但沟灌处理的果实可溶性固形物及VC含量均高于其余四种。无论皮层还是木栓层，都是沟灌处理的果实，其表皮木栓层最高。这说明适当地减少灌溉量可以提高库尔勒香梨的综合品质。

第六节　环境条件要求

一、温度

由于种类、品种和原产地的不同，梨树对温度的要求差异很大。我国长江以南的砂梨系统中的梨品种，一般要求年平均温度在15 ℃以上，4～10月生长期的均温为15.8～26.3 ℃，11～3月休眠期的均温为5～17 ℃。本系统中的梨品种一般能耐-23 ℃以上的低温，无霜期要求在250 d左右。

梨不同器官耐寒性有差异，一般花器官、幼果最不耐寒。在长江流域，常遇早春气温回升后又骤降温天气，故也有发生冻花芽现象，生产上要引起重视。

温度也影响梨树的授粉受精。砂梨系统的品种，一般花粉发芽温度要求在10 ℃以上，尤以18～25 ℃为好。据报道，在16 ℃条件下，日本梨从授粉到受精约需44 h，若温度升高，受精时间就缩短，反之则延长。因此，开花期若天气晴好，气温较高，一般授粉受精就好，当年丰产就有基础。否则，落花落果加重，影响产量。

温度还影响梨果实的品质。在果实膨大期若气温偏高，雨水少，则果实往往偏小，石细胞增多，导致口味变差，商品性降低。

二、湿度

梨是耐湿性较强的果树，尤其是南方主栽的梨品种，生长期要求有足量均衡的水分供应，尤其是果实迅速膨大期。若水分供应不足，则枝梢生长，特别是果实的发育膨大就会受到抑制，甚至严重抑制。反之，湿度过大，如果实膨大期雨量过大或连绵阴雨，使土壤含水量长时期处于饱和或近饱和状态，则会严重影响树体对营养的吸收和运转，阻碍根系生长，导致树势衰弱或大量裂果发生。一般砂梨系统中的梨品种多要求在年降雨量1000 mm以上地区分布。湿度过大，往往还会导致病害的流行。因此，在梨树引种时，要考虑品种的区域适应性，切忌盲目引种。

湿度对梨果实品质影响也较大。如我国南方栽培的砂梨品种，若生长期湿度过大，则果皮角质层容易破裂，使果点变大，果面变粗，锈斑扩大，光洁度下降。同时，果形变小，果实风味变淡，从而降低品位，尤其是绿皮品种。

三、光照

库尔勒香梨对光照要求较高。光照对改善树体营养，提高库尔勒香梨果的光洁度，增进品质，具有显著的作用。因此，栽培上多采用疏散分层形的树形结构。为进一步提高库尔勒香梨树的光照效能，目前也有采用开心形的树形结构。生产上主要通过对幼年树的早期整形和成年树的合理修剪来提高和改善光照水平，即通过拉枝、长放、压枝和适量剪截，先培养好主枝骨架；投产以后调节好叶果比为重点，适量更新枝组，控制徒长，以改善树体的通风透光条件。

四、风

梨与其他果树相比，抗风性能尤差。原因是梨果柄长、细，果实大又重。沿海地区8～9月的台风季节，正是南方晚熟性砂梨品种的成熟期，已成为该地区梨树栽培首要的限制因子。据调查，一般6级以上大风，就会对梨树造成严重的破坏性落果。但花期时的微风有利于授粉受精。

五、土壤

库尔勒香梨对土壤要求不严，无论黏土、壤土、沙土均能适应。但库尔勒香梨树属生理耐旱性弱的树种，故建园时，最好选择土层深厚、疏松肥沃、透水保肥性能又较好的沙质壤土栽培。库尔勒香梨树对土壤酸碱度要求也不严，一般pH值在5～8.5范围内，均可良好生长，但以pH值6～7最为适宜。从满足库尔勒香梨树对肥水需求的角度考虑，显然在灌排灵通的平地种库尔勒香梨比丘陵山地更具生产优势。

第七节　园地选择

一、气候条件

园地选择时应执行中华人民共和国农业行业标准NY/T 442—2013，即年平均气温为8.5～14 ℃，1月平均气温为-9～-3 ℃。

二、土壤条件

以土壤肥沃、有机质含量在1.0 %以上的沙质壤土为宜，土层厚度1 m以上，地下水位在1.5 m以下，土壤pH值低于8.5，总盐量在0.3%以下。

三、产地环境

库尔勒香梨园产地环境应符合NY/T 5010—2016无公害农产品种植业产地环境条件。

四、建立防护体系

每个标准园四周林、渠、路、电等要配套。防护林占果园面积的比例为10%；林相整齐、林木生长良好，四周防护林达到85%以上；渠道实现防渗化，道路实现硬质化，电实现园园通。

第八节　栽植

一、栽植时期

在土壤解冻后至果树萌芽前（三月下旬至四月初）栽植，也可在十月下旬至十一月进行秋栽，秋栽时要避开大风、低温天气，注意保护幼树根系，免受冻害。

二、行向

行向根据地势和土地方位而定，以南北行向为宜。

三、栽植密度

株距1～1.5 m，行距4 m，栽植密度以1650～2500株·hm^{-2}为宜，可根据树龄逐步调整到合适密度。

四、栽植穴

栽植前在定植点处挖栽植坑，栽植坑规格以直径不小于0.6 m，深度不小于0.6 m为宜。

五、栽植基肥

栽植时每栽植穴施有机肥10～15 kg，磷素化肥0.2 kg或腐熟油渣0.5 kg左右，施肥前，在栽植穴旁将肥料与等量表土拌匀备用，以免烧根。

六、苗木选择

1.砧木

用杜梨作砧木。

2.苗木准备及栽前处理

苗木规格选择一级嫁接苗或实生苗，栽植前对苗木根系进行修整，剪除干枯、劈裂伤残部分，并用水浸泡24 h。

七、授粉树配置

授粉树品种以砀山梨、鸭梨为主，授粉树与主栽品种采用东西向和南北向中间隔两行在第三行交叉处配置的方法，主栽品种与授粉品种比例以8∶1（若授粉品种果实价值高，可缩小比例，最低不能低于4∶1）为宜，且同一库尔勒香梨园需栽植2个以上授粉品种。

八、嫁接

若用香梨嫁接苗栽植，定植后，于萌芽前在饱满芽处定干，剪口下的芽应朝东北方向（当地主风向）。若用杜梨实生苗栽植，成活后当年秋季至翌年春季嫁接香梨品种，嫁接时也要注意接在东北方向一侧。

九、树形

树体整形采用改良纺锤形，干高0.8～0.9 m，树高3.2 m左右（以行距的80%为最佳）。树形为强主干弱枝组，中干与枝组粗度比为3∶1，主干上直接培养螺旋向上的25个左右的结果枝组，同侧结果枝组上下间距控制在0.25 m，长度控制在80 cm以内，基角70～80度。

十、第一年整形修剪

定植后在主干距离地面60 cm以上和顶部30 cm以下刻芽，采取逢芽必刻的方式，在芽上方用小锯条划伤木质部；刻芽时间为春分前后，树液流动前；为有效萌发结果枝，也可在小主干上刻芽，采用两头不刻，中间刻，两侧刻芽的前面，背上刻芽的后面的方法，侧枝刻芽时间以清明前后为宜。

修剪以疏、放、拉为主，去大留小，及早疏除粗度大于中干1/3的结果枝组，疏除时留马耳状剪口，以促进新枝从下部萌发，减少开基角用工量，保证单轴延伸。

在侧枝长度达到20～30 cm时用牙签或开角器打开夹角。

十一、第二年整形修剪

在中心干分枝不足处继续进行刻芽和涂抹发枝素，促发新枝，疏除第一侧枝以下萌发的新枝，出现开花枝条要将花序全部疏除，保留果台副梢。对于萌发的新枝长到25～30 cm时要及时打开基角至70～80度。

十二、第三年整形修剪

第三年继续进行树体整形，培养结果枝组，使其达到25～30个；结果枝组单轴延伸，以缓放为主，尽量不短截和回缩，疏除直立枝、竞争枝。

十三、第四年以后整形修剪

第四年以后修剪时要注意促干控枝，对于强旺枝难以控制时，要从基部马耳形疏除，以培养中小枝组，每年每棵树最多疏除3个结果枝组，对尚有空间的结果枝组要进行环切1～2刀以控制其长势。

第九节　土肥水管理

一、土壤管理

1.深翻改土

秋季落叶后至开春前，结合施肥，将果树根区向外深翻，回填时混以有机肥，然后充分灌水，增加果园土壤孔隙度和有机质。

2.树盘覆盖

树盘内提倡黑地膜、无纺地布或秸秆覆盖，以利于增温保墒、抑制杂草生长、增加土壤有机质含量，覆盖时需零星压土，以免风吹。

3.行间生草

行间提倡间作高羊茅、多年生黑麦草、油莎豆等浅根绿肥作物，培肥地力。定期刈割（留茬10～15 cm），覆盖于树盘或翻压入土壤。

二、施肥技术

1.基肥

（1）施肥原则

根据土壤地力和库尔勒香梨园目标产量确定施肥量。氮肥以前轻后重为主，磷肥以基施为主，钾肥则侧重后期追施，要重视有机肥的投入。

（2）施肥量

初果期果园每公顷施入农家肥15～30 t，化肥、基肥用量按照树龄确定，1年生每公顷施纯氮75 kg（折合尿素165 kg）、纯磷75 kg（折合过磷酸钙495 kg）、纯钾75 kg（折合硫酸钾150 kg）；根据树龄的增加逐年增加施肥量。

盛果期果园农家肥的使用量可根据目标产量确定，按照产1 kg果施1 kg农家肥的原则。化肥用量可按照氮∶磷∶钾为2∶1∶2进行总量控制，基肥按照全年氮、磷、钾肥施肥量的50%、100%、30%施入，根据香梨需肥规律，每生产100 kg香梨，需基施纯氮0.35～0.5 kg（折合尿素0.8～1.1 kg）、纯磷0.3～0.6 kg（折合15%过磷酸钙2.0～4.0 kg）、纯钾0.18～0.33 kg（折合硫酸钾0.36～0.66 kg）。硼肥3～5 kg，可加入适量锌肥。

（3）施肥方式

行间开沟施入，深度40～60 cm。

（4）施肥时间

施肥时间为果实采收后的8月底至9月中旬。

2.追肥

（1）施肥量

初果期化肥追肥用量按照树龄确定，1年生每公顷施纯氮75 kg（折合尿素165 kg）、纯磷75 kg（折合过磷酸钙495 kg）、纯钾75 kg（折合硫酸钾150kg）；根据树龄的增加逐年增加施肥量，两个关键施肥时期各施肥一半。

盛果期追肥量按照每生产100 kg香梨追施纯氮0.35～0.5 kg（折合尿素0.8～1.1 kg）、纯钾0.42～0.77 kg（折合硫酸钾0.84～1.54 kg）。根据施肥原则，在不同的需肥时期施入，在果实膨大期尽量采用少量多次的原则进行施肥。

（2）施肥方式

施肥方式在树冠下机械开沟5～10 cm。

（3）施肥时间

初果期果园追肥最佳时期为萌芽前后和花芽分化期（6月中旬）；盛果期追肥的最佳时期为开花前后和果实膨大期。

3.叶面肥

叶面施肥主要以喷施硼肥和锌肥为主，根据果树缺素情况补施叶面肥，要加强落叶前氮肥的喷施，以促进果树提早落叶。

三、灌水技术

1.灌水

花前、花后和果实膨大期灌水。整个生长期灌水4～6次，注意萌芽水、花后水、催果水、冬前水4次关键水。灌水提倡滴灌、微喷灌等节水灌溉措施。

2.控水

5月中下旬控水，延长灌水间隔时间，控制新梢生长，促进花芽分化。8月中旬停水，促使当年生新梢老化成熟，以便顺利越冬。

第十节　授粉

一、授粉的最佳时间

以当天上午9:00～11:00为最佳时间，可根据实际情况提早或推迟1～2 h。

二、花粉准备

花粉选择适宜香梨的授粉品种，如鸭梨、砀山梨等。

三、人工点授

可选用小毛笔、棉签等点授工具蘸取少量花粉（用淀粉或滑石粉稀释1～3倍）对初开的小花进行点授，每个花序点授1～2朵花。

四、器械喷粉

将花粉稀释10～20倍（滑石粉或淀粉），用授粉器快速均匀喷授。

五、液体喷粉

将花粉稀释10～20倍（水），用喷雾器在最佳授粉时间喷授。

六、库尔勒香梨园放蜂

每公顷地放3箱蜜蜂。

七、高接花枝

授粉树配置不合理的库尔勒香梨园，在2月中下旬，采取切接的方法在每棵树东北方向（当地主风向）接一个花枝。

八、花期喷肥

花期喷0.2%的硼酸溶液、0.3%的尿素、0.3%的磷酸二氢钾两次。

九、疏花

在花序分离期至盛花期，将中心花疏去，留边花，每花序最多留两朵花，控制单株负载量。

十、疏果

每花序留果不超过两个，树冠上部及外围、强旺枝上以留双果为主，其他部位以留单果为主，双果率不超过30%。保留的香梨应该是果形端正、果面光洁、无伤疤、无虫果。

第十一节　病虫害防治

一、病虫害统防统治

应用杀虫灯、性诱剂和粘虫色板等物理措施，广泛使用无公害、绿色化学农药进行防治；严禁使用限用农药。

二、病害防治

1.腐烂病

结合冬剪，将枯梢、病果台、干桩、病剪口等病组织剪除，减少浸染源。早春、夏季刮治病斑，用药剂涂抹病部和伤口，防止其扩展蔓延。用3～5波美度石硫合剂，9281制剂100倍液，5%菌毒清100倍液，30%腐烂敌100倍液，腐必清100倍液喷施。

2.轮斑病

清除落叶，加强水肥管理，合理修剪，适当疏花疏果，保持树势旺盛，内膛通风透光。

萌芽时喷洒药剂预防，如80%代森锰锌可湿性粉剂700倍液、50%多菌灵可湿性粉剂800倍液等。

3.黑星病

清除落叶，及早摘除发病花序以及病芽、病梢，保持树势旺盛、合理修剪，保持树体内膛通风透光，都可有效防止黑心病的发生。库尔勒香梨树萌芽前淋洗式喷洒1～3波美度石硫合剂或在库尔勒香梨芽膨大期用0.1%～0.2%代森铵溶液喷洒枝条可有效灭菌。花前和落花后及幼果期是防治该病的关键时期，可用33%代森锰锌·三唑酮可湿性粉剂800～1200倍液或0.3%苦参碱水剂600～800倍液防治。

三、虫害防治

1.蠹蛾

在幼虫期，用柴草、麻袋片或胶带缠绕果树主干，并定期清理，4～9月可挂置性诱剂诱捕器，监测及诱杀成虫。8月后及时摘除树上虫果，捡拾地下落果，集中处理或深埋。化学防治在5月中旬至6月中旬和7月中旬至8月上旬进行，用2.5%～4.5%高效氯氰菊酯乳油1500倍液、2.5%溴氰菊酯乳油2500倍液或25 g·L^{-1}联苯菊酯乳油1000倍液交替喷施。

2.梨小食心虫

春季刮老翘皮,刮下的树皮集中烧毁。同时清理果园的枯枝落叶和落地果实,集中深埋。人工摘除虫果,剪除被害虫梢。越冬代成虫羽化前,在田间均匀悬挂梨小食心虫性诱剂或糖醋液诱杀,糖醋液配方为白酒:醋:糖:水=1:3:6:10。在关键期用药物防治,如4.5%高效氯氰菊酯乳油2000~3000倍液,1.8%阿维菌素乳油2000~4000倍液。

3.梨茎蜂

冬季剪除幼虫危害的枯枝,春季成虫产卵后,剪除被害梢,以杀死卵或幼虫。在库尔勒香梨园悬挂黄板,诱杀库尔勒香梨梨茎蜂。在4月上旬梨茎蜂危害高峰期前,选用敌杀死2000倍液,2.5%氯氟氰菊酯乳油1000~2000倍液,2.5%溴氰菊酯乳油1500~2000倍液均匀喷雾杀虫。

4.梨木虱

早春注意清园以消灭越冬成虫,压低虫口密度。在2月底至3月初和5月下旬至6月上旬两个关键防治时期,用10%吡虫啉可湿性粉剂2000~2500倍液,0.3%虱螨特乳油2000~2500倍液,2.5%溴氰菊酯乳油1500~2000倍液进行化学防治。

5.梨圆蚧

在库尔勒香梨园最初点片发生时,剪掉发生严重枝条,或用刷子刷死成虫、若虫。化学防治用40%速扑杀1000倍液、20%蚧霸2000倍液、95%蚧螨灵(机油乳剂)100~200倍液、99.1%加德士敌死虫200~300液等药剂进行喷施。

6.害螨类

8月中下旬树干束绒毡片或其他棉织物诱集成螨越冬,翌年2月底前解除束片,并进行灭虫处理。库尔勒香梨树落叶后树干涂白,用石硫合剂原液细致涂刷枝干。化学防治使用20%螨死净乳剂2000~3000倍液、5%尼索朗乳油2000倍液、5%霸螨灵悬乳剂2000~3000倍液、1.8%阿维菌素乳油4000倍液喷施。

7.康氏粉蚧

结合清园刮除老翘皮,清理病虫果、残叶,压低越冬基数,春季萌芽前喷5波美度的石硫合剂消灭越冬的卵和幼虫,降低越冬基数。在5月上旬和6月上旬，可选用10%吡虫啉2000倍液或5%啶虫脒2000倍液灭杀。

第十二节　库尔勒香梨果实采收及采后处理

一、果实采收

采收要求按NY/T 1198的规定执行。

二、采后处理

分级按GB/T 10650的规定执行（彩图9、10、11、12、13）。包装标识应符合NY/T 1778的规定。贮藏和运输按NY/T 1198的规定执行。

参考文献

[1] 李慧峰，吕德国，李林光.苹果根系构型的演化［J］.华北农学报，2009，24（S1）：323-326.

[2] 张振华，蔡焕杰，郭永昌，等.滴灌土壤湿润体影响因素的实验研究［J］.农业工程学报，2002（2）：17-20.

[3] 张松，李和平，郑和祥，等.地埋滴灌点源入渗土壤水分运动规律实验研究［J］.节水灌溉，2017（1）：25-27，32.

[4] 李明思，康绍忠，孙海燕.点源滴灌滴头流量与湿润体关系研究［J］.农业工程学报，2006（4）：32-35.

[5] 杨凯，郝锋珍，续海红，等.果树根系分布研究进展［J］.中国农学通报，2015，31（22）：130-135.

[6] 李宏，董华，郭光华，等.阿克苏红富士苹果盛果期根系空间分布规律［J］.经济林研究，2013，31（2）：79-85.

[7] 晏清洪，王伟，任德新，等.滴灌湿润比对成龄库尔勒香梨树根系分布的影响［J］.灌溉排水学报，2011，30（2）：63-67.

[8] 孙浩，李明思，丁浩，等.滴头流量对棉花根系分布影响的试验［J］.农业工程学报，2009，25（11）：13-18.

[9] 费良军，傅渝亮，何振嘉，等.涌泉根灌肥液入渗水氮运移特性研究［J］.农业机械学报，2015，46（6）：121-129.

[10] 李耀刚，王文娥，胡笑涛，等.涌泉根灌入渗特性影响因素［J］.水土保持学报，2013，27（4）：114-119.

[11] 李明思.膜下滴灌灌水技术参数对土壤水热盐动态和作物水分利用的影响［D］.杨凌：西北农林科技大学，2006.

[12] 宋锋惠，罗达，李嘉诚，等.黑核桃根系分布特征研究［J］.新疆农业科学，2018，55（4）：682-688.

[13] 李宏，郭光华，郑朝晖，等.成龄期枣树根系空间分布规律研究［J］.西南农业学报，2013，26（4）：1608-1613.

[14] 李楠，廖康，成小龙，等.库尔勒香梨根系分布特征研究［J］.果树学报，2012，29（6）：1036-1039.

[15] 苗平生，白建光，丁勇.油梨根系分布初步观察［J］.福建热作科技，1989（1）：22-24.

[16] 杜玉虎，朴洋，马瑛.早期丰产园梨树根系分布及临时株树体分解研究报告［J］.辽宁农业职业技术学院学报，2003（4）：8-10.

[17] 王苏珂，李秀根，杨健，等.我国梨品种选育研究近20年来的回顾与展望 [J].果树学报，2016，33（S1）：10-23.

[18] 陈启亮，杨晓平，天睿，等.梨品种果实品质的分析与评价 [J].湖北农业科学，2012，51（22）：5068-5071，5104.

[19] 常文君，秦金铭，包建平，等.15个新疆梨品种果实性状评价 [J].新疆农业科学，2022，59（1）：106-117.

[20] 曼苏尔·那斯尔，杜润清，陈湘颖，等.新疆梨品种与库尔勒香梨授粉亲和性及花粉直感 [J].果树学报，2019，36（4）：447-457.

[21] 章世奎，阿布来克·尼牙孜，王绍鹏，等.烯效唑对库尔勒香梨枝叶生长及果实品质的影响 [J].新疆农业科学，2020，57（9）：1674-1680.

[22] 刘立强，秦伟，廖康，等.新疆若干杏品种开花生物学特性研究 [J].新疆农业科学，2007，（6）：751-755.

[23] 牛佳佳，张四普，张柯，等.9个梨品种综合品质评价分析 [J].食品研究与开发，2021，42（17）：149-156.

[24] 王洁，孟秋峰，王婧，等.不同榨菜品种花器官及花粉形态特性比较 [J].浙江农业科学，2021，62（6）：1140-1142.

[25] 刘世亮，介晓磊，李有田，等.不同磷源在石灰性土壤中的供磷能力及形态转化 [J].河南农业大学学报，2002，36（4）：4.

第二章　库尔勒香梨施肥的理论依据

第一节　库尔勒香梨为什么要施肥

肥料是农业生产的重要物质投入。施肥不仅是当季作物增产的重要保证，也是培肥地力，以达到持续高产、稳产的重要措施。土壤是作物根系生长的基础，土壤中的营养物质是作物的食物。尽管土壤自身在水、热、光、气的作用下，会释放出一些营养物质，但远远不能满足作物的需求。作物的收获，每年从土壤中携带走大量的养分。在一般情况下，土壤自身释放的氮磷钾养分只能满足作物需要的1/5。供人类目前和未来消费的作物能否持续高产，取决于作物获得的营养是否充足。在大部分耕作体制下，除极少数情况外，作物从土壤中吸收的养分均需通过施肥补充。土壤本身的养分储量终会耗尽，所以，为了保证生产，就需要对土壤本身的营养加以补充。不仅如此，如果不施肥，则土壤的养分供应匮乏，土壤的物理形状也会恶化。

1.研究背景和目的

库尔勒香梨原产于新疆南部，是新疆"名、优、特"水果之一，主要种植于新疆巴音郭楞蒙古自治州、阿克苏地区、喀什地区等，已成为该区域林果产业的主要种植树种。近年来，新疆香梨产业发展迅速，截至2016年，库尔勒香梨的种植总面积已达到72993.33 hm^2，全区种植单产已提高到16.22 t/hm^2，香梨已成为新疆地区出口创汇的主要果品之一。随着库尔勒香梨种植面积的不断增加，香梨种植过程中化肥的使用量也呈现不断上升的趋势。近年来，农户在追求香梨单位面积产量最大化的单一目标下，化肥的使用总量不断增加。长此以往，造成土壤有机肥缺乏，土壤基础地力下降，理化性质变差，香梨树体缺乏营养，导致抗病能力下降，水肥运筹失衡已成为库尔勒香梨持续、高效发展的主要制约因素。因此，确定初果期密植香梨树的推荐施肥量，进而提高库尔勒香梨种植过程中的肥料利用率，为协调土、肥、水以及树体的养分平衡提供技术支撑，为库尔勒香梨土壤养分的高效利用提供理论依据。

2.材料与方法

以新疆生产建设兵团三师丰产田库尔勒香梨为试验对象。试验地海拔1108.8 m，年平均日照时间2449.6 h，无霜期达到225 d，年平均气温12.8 ℃，年均降水量63.2 mm，年均蒸发量2127.2 mm，年均相对湿度在55%以下，属典型暖温带内陆型极端干旱气候。

试验前，于2019年3月21日对试验地取土样测定土壤初始物理性状，包括土壤质地（干筛法测定）、土壤容重（环刀法测定）、土壤比重（比重瓶法测定）、土壤总孔隙度、土壤毛管孔隙度、田间持水量（环刀法测定），测出相关数据分别为沙质壤土、1.34 $g \cdot cm^{-3}$、2.60 $g \cdot cm^{-3}$、48.46%、27.86%、20.79%。根据试验地具体情况，采用"s"法分层采集土样，送乌鲁木齐市谱尼测试科技有限公司，测得0～80 cm土层土壤有机质7.56 $g \cdot kg^{-1}$，全盐0.3 $g \cdot kg^{-1}$，pH值8.43，全氮655 $mg \cdot kg^{-1}$，全磷808 $mg \cdot kg^{-1}$，全钾2.26%，碱解氮40.55 $mg \cdot kg^{-1}$，速效磷17.75 $mg \cdot kg^{-1}$，速效钾98 $mg \cdot kg^{-1}$。

试验采用"3414"完全试验方法，即氮、磷、钾3因素，每个因素4个水平，共14个处理的肥料试验设计方案（表2-1）。4个水平的含义：0水平指不施肥，2水平指当地最佳施肥量的近似值，1水平=2水平×0.5，3水平=2水平×1.5（该水平为过量施肥水平）。分别在初果期、盛果期、果实膨大期，每处理选取10株长势均匀的香梨树，采取施肥枪施肥（彩图14）的方法分3次施入。应用肥料效应函数法，确定密植香梨树的最大产量施肥量及最佳产量施肥量，为密植香梨树的推荐施肥量提供依据。

表2-1　试验处理编码及肥料用量表

编号	处理	处理编码			施肥量($kg \cdot hm^{-2}$)		
		N	P_2O_5	K_2O	N	P_2O_5	K_2O
1	$N_0P_0K_0$	0	0	0	0.0	0.0	0.0
2	$N_0P_2K_2$	0	2	2	0.0	191.0	363.0

续表2-1

编号	处理	处理编码			施肥量（kg·hm^{-2}）		
		N	P$_2$O$_5$	K$_2$O	N	P$_2$O$_5$	K$_2$O
3	N$_1$P$_2$K$_2$	1	2	2	134.0	191.0	363.0
4	N$_2$P$_0$K$_2$	2	0	2	268.0	0.0	363.0
5	N$_2$P$_1$K$_2$	2	1	2	268.0	95.5	363.0
6	N$_2$P$_2$K$_2$	2	2	2	268.0	191.0	363.0
7	N$_2$P$_3$K$_2$	2	3	2	268.0	286.5	363.0
8	N$_2$P$_2$K$_0$	2	2	0	268.0	191.0	0.0
9	N$_2$P$_2$K$_1$	2	2	1	268.0	191.0	181.5
10	N$_2$P$_2$K$_3$	2	2	3	268.0	191.0	544.5
11	N$_3$P$_2$K$_2$	3	2	2	402.0	191.0	363.0
12	N$_1$P$_1$K$_2$	1	1	2	134.0	95.5	363.0
13	N$_1$P$_2$K$_1$	1	2	1	134.0	191.0	181.5
14	N$_2$P$_1$K$_1$	2	1	1	268.0	95.5	181.5

新梢粗度、果实横径的测量：每个处理选取有代表性的三株树的新梢挂牌编号，分别在库尔勒香梨初果期及果实膨大期，测定新梢的粗度、果实横径。比叶重测量：每个处理选取三个新梢，利用浙江托普云农科技股份有限公司生产的YMJ-B叶面积测量仪测定新梢叶面积值，并测定该面积值的叶片重量，计算叶片比叶重，即比叶重=W/n×S（W为取样叶片总重量，n为取样叶片数量，S为叶片面积）。SPAD值测量：在挂牌的新梢，选取中部叶片利用SPAD502 plus测定各时期的SPAD值。单叶净光合速率测量：在挂牌的新梢，选取中部叶片，利用浙江托普云农科技股份有限公司生产的3051C植物光合速率测定仪测定各时期的单叶净光合速率。香梨产量在果实收获期，每小区实收记产。

3.结果

随着氮肥、钾肥用量的逐渐减少，新梢直径在此期间的生长量逐渐减小，但未达到显著性差异；随着磷肥用量的减少，新梢直径生长量除N$_2$P$_0$K$_2$外，都呈现增加的趋势，此期磷肥对枝条的生长有抑制作用，各处理除与不施肥处理呈现显著性差异外，其他处理之间差异均未达到显著性，此期枝条生长对肥料的敏感性较差。施肥量越大，越有利于果实生长，钾肥对果实生长影响最大，氮、磷肥对果实生长影响较小，详见表2-2。

表2-2　不同肥料处理对果实膨大期枝条与果实生长量的影响

处理	新梢直径增长量（mm）	果实横径增长量（mm）
$N_3P_2K_2$	1.6100 a	22.8914 bc
$N_2P_3K_2$	1.1133 ab	23.2956 b
N2P2K$_3$	1.3133 ab	25.5817 a
$N_2P_2K_2$	1.3100 ab	22.4958 bcd
$N_2P_2K_1$	1.1533 ab	20.5472 ef
$N_2P_2K_0$	1.1267 ab	18.7525 fg
$N_2P_1K_2$	1.4233 ab	21.7767 bcde
$N_2P_0K_2$	1.3733 ab	20.8706 de
$N_1P_2K_2$	1.1833 ab	21.1900 cde
$N_0P_2K_2$	0.9500 ab	20.4499 ef
$N_1P_1K_2$	1.1933 ab	21.1350 cde
$N_1P_2K_1$	1.0133 b	20.2992 ef
$N_2P_1K_1$	1.2033 ab	20.6764 de
$N_0P_0K_0$	0.4000 c	17.2367 g

　　不同肥料处理结果表明（表2-3），8月1日调查SPAD值、比叶重和光合速率的差异，从表中可以看出，氮肥3水平SPAD值、比叶重、光合速率均为最大值，氮肥0水平比叶重和光合速率为最小值，其次为不施肥水平；SPAD值最小值则为不施肥水平，其次为氮肥0水平，说明在果实膨大期氮肥对SPAD值、比叶重和单叶净光合速率影响最大。将施磷、施钾均设置在2水平，那么SPAD值、比叶重、光合速率均随着氮肥用量减少逐渐降低，且施氮处理3水平SPAD值与1水平和0水平差异达到显著，2水平与0水平差异达到显著；施氮处理3水平比叶重与0水平差异达到显著；光合速率除施氮处理2水平与1水平差异未达到显著外，其余施氮处理间差异均达到显著水平。将施氮、施钾均设置在2

水平，那么比叶重、光合速率均随着磷肥用量减少逐渐降低，磷肥1水平SPAD值与0水平差异达到显著；磷肥3水平比叶重与0水平差异达到显著，其余磷肥处理差异均未达到显著水平，说明磷肥对SPAD值、比叶重和单叶净光合速率影响较小，但是如果不施磷肥，也会对此三项生理指标造成不良影响。将施氮、施磷均设置在2水平，那么钾肥3水平SPAD值与1水平和0水平、2水平和0水平差异均达到显著，比叶重、光合速率在钾肥的4个水平上均未达到显著差异，说明钾肥能够有效提高叶绿素含量，但是对叶片比叶重和光合速率影响较小。

表2-3 不同肥料处理对果实膨大期SPAD值、比叶重和光合速率的影响

处理	SPAD值	比叶重	单叶净光合速率
$N_3P_2K_2$	48.08 a	0.0296 a	26.88 a
$N_2P_2K_3$	47.82 ab	0.0284 abc	23.70 bc
$N_2P_1K_2$	47.18 abc	0.0277 abc	21.86 bcdef
$N_2P_2K_2$	46.86 abcd	0.0286 ab	23.28 bcd
$N_2P_3K_2$	46.16 bcde	0.0296 a	24.56 ab
$N_1P_1K_2$	45.84 cde	0.0285 ab	19.18 fg
$N_2P_1K_1$	45.72 cdef	0.0279 abc	20.83 cdef
$N_1P_2K_2$	45.56 cdefg	0.028 abc	20.34 ef
$N_2P_2K_1$	45.44 cdefg	0.0282 abc	22.88 bcde
$N_1P_1K_1$	45.42 cdefg	0.0272 bc	20.72 def
$N_2P_0K_2$	45.26 defg	0.0276 bc	23.18 bcde
$N_2P_2K_0$	44.42 efg	0.0282 abc	21.78 bcdef
$N_0P_0K_0$	43.94 fg	0.0265 c	12.18 h
$N_0P_2K_2$	43.68 g	0.0269 bc	17.45 g

对14个处理的经济效益分析可以看出（表2-4），配方施肥与不施肥比较，施用配方肥增产181.5～1557.7 kg·hm^{-2}，产值增加907.4～7788.4元·hm^{-2}，投入成本增加2956.1～7529.9元·hm^{-2}。其中6、12、13、14处理增效明显高于其他处理，分别增效9775.1元·hm^{-2}、9723.7元·hm^{-2}、10479.1元·hm^{-2}、

10574.5元·hm^{-2}；处理2、4、8增效明显低于其他处理，说明三要素肥中任意一种肥料缺失，对整块地的收入都有较大的影响；对比各处理增产值与肥料成本，增产值高于肥料成本的处理有3、5、6、9、12、13、14，其他处理均低于肥料成本，说明高肥料投入并不能得到高收益。综上所述，缺肥处理和高肥投入处理均不适于本试验田，适宜的施肥量才是库尔勒香梨高收益的关键因素。

表2-4　库尔勒香梨氮磷钾配施经济效益分析

编号	处理	产量 （kg·hm^{-2}）	增产量 （kg·hm^{-2}）	产值 （元·hm^{-2}）	增产值 （元·hm^{-2}）	肥料成本 （元·hm^{-2}）	收入 （元·hm^{-2}）	产投比
1	$N_0P_0K_0$	1598.4	—	7992.0	—	0.0	7992.0	—
2	$N_0P_2K_2$	2180.3	581.9	10901.3	2909.3	4558.1	6343.2	2.39
3	$N_1P_2K_2$	2805.4	1207.0	14026.9	6034.9	5281.9	8745.0	2.66
4	$N_2P_0K_2$	2085.5	487.1	10427.5	2435.5	4496.4	5931.1	2.32
5	$N_2P_1K_2$	2821.5	1223.1	14107.3	6115.3	5250.9	8856.4	2.69
6	$N_2P_2K_2$	3156.1	1557.7	15780.4	7788.4	6005.3	9775.1	2.63
7	$N_2P_3K_2$	2890.5	1292.1	14452.5	6460.5	6759.8	7692.8	2.14
8	$N_2P_2K_0$	1779.9	181.5	8899.4	907.4	2956.1	5943.3	3.01
9	$N_2P_2K_1$	2619.9	1021.5	13099.7	5107.7	4480.6	8619.2	2.92
10	$N_2P_2K_3$	2876.3	1277.9	14381.3	6389.3	7529.9	6851.4	1.91
11	$N_3P_2K_2$	2898.0	1299.6	14490.0	6498.0	6728.9	7761.1	2.15
12	$N_1P_1K_2$	2850.2	1251.8	14251.1	6259.1	4527.4	9723.7	3.15
13	$N_1P_2K_1$	2847.3	1248.9	14236.3	6244.3	3757.1	10479.1	3.79
14	$N_2P_1K_1$	2860.1	1261.7	14300.6	6308.6	3726.1	10574.5	3.84

注：纯N为5.4元·kg^{-1}，P_2O_5为7.9元·kg^{-1}，K_2O为8.4元·kg^{-1}，库尔勒香梨当地市场价格为5.0元·kg^{-1}。

用第2、3、6和11处理的施肥量和产量数据，拟合P_2K_2水平下氮肥效应方程；用第4、5、6和7处理的施肥量和产量数据，拟合N_2K_2水平下磷肥效应方程；用8、9、6和10处理的施肥量和产量数据，拟合N_2P_2水平下钾肥的效应方程，拟合结果见表2-5。从表中可以看出，经相关系数和F检验，氮磷钾肥料的三个一元二次方程均达到显著水平，方程拟合成功。从3个一元二次方程看出，一次项系数均为正值，表明施用三种肥料均能够有效提高香梨产量；二次项系数均为负值，表明氮磷钾肥料效应均符合报酬递减律，即随着施肥量的增加香梨产量均呈先增后减的趋势。

用2～7、11和12处理的施肥量和产量数据，拟合K_2水平下氮磷互作效应方程；用4～10和14处理的施肥量和产量数据，拟合N_2水平下磷钾互作效应方程；用2、3、6、8～11和13处理的施肥量和产量数据，拟合P_2水平下磷钾互作效应方程，拟合结果见表2-5。经相关系数和F检验，3个二元二次方程均达到显著水平，方程拟合成功。从三个二元二次方程可以看出，互作项系数均为正值，说明氮磷、氮钾、磷钾肥之间均为正向互作效应，也就是说配施三种肥料中的任意两种肥料均可以有效增加产量。从三个二元二次方程交互项系数大小可以看出，PK＞NP＞NK，说明三种肥料配施下，磷钾肥配施互作效应最大，氮钾肥互作效应最小。

用全部14个处理的施肥量和产量数据，拟合氮磷钾肥三元二次方程，结果见表2-5，从表中可以看出，F值=14.83＞$F_{0.01}$，达到极显著水平。从三元二次肥料效应方程可以看出，一次项系数均为正值，二次项系数均为负值，是典型三元二次肥料效应函数，R^2值为0.9710，表明该方程拟合性好。一次项系数均为正值，表明氮磷钾肥均有明显增产效应；二次项系数均为负值，说明该方程符合肥料报酬递减律；互作项系数均为正值，表明氮磷、氮钾、磷钾肥配施均为正向互作效应。

将一元二次方程和三元二次方程求解，当斜率$dy/dx=0$时，可以得出最高产量及其施肥量，当$dy/dx=py/px$（产品与肥料价格比）时，根据目前肥料价格，纯N为5.4元·kg^{-1}，P_2O_5为7.9元·kg^{-1}，K_2O为8.4元·kg^{-1}，香梨价格为5.0元·kg^{-1}，可以得出最佳产量及其施肥量。由三元二次方程可以得出，最高产量为3161.23 kg·hm^{-2}，最高产量施肥量为氮（N）261.07 kg·hm^{-2}，磷（P_2O_5）186.60 kg·hm^{-2}，钾（K_2O）367.96 kg·hm^{-2}；最佳产量为2915.99 kg·hm^{-2}，最佳产量施肥量为氮（N）167.48 kg·hm^{-2}，磷（P_2O_5）118.65 kg·hm^{-2}，钾（K_2O）205.42 kg·hm^{-2}。由一元二次方程可以得出，最高产量为3106.5 kg·hm^{-2}，最高产量施肥量为氮（N）276.88 kg·hm^{-2}，磷（P_2O_5）195.36 kg·hm^{-2}，钾（K_2O）396.2kg·hm^{-2}；最佳产量为3082.8kg·hm^{-2}，最佳产量施肥量为（N）232.98 kg·hm^{-2}，磷（P_2O_5）166.64 kg·hm^{-2}，钾（K_2O）297.38 kg·hm^{-2}。比较上述两组数据，三元二次方程

得到的最高产量略高于一元二次方程得出的最高产量，而最高产量施肥量却低于一元二次方程得出的最高产量施肥量。故在肥料成本充足的情况下，选用三元二次方程得出的最高产量施肥量。三元二次方程得出最佳产量略低于一元二次方程得出的最佳产量，而最佳产量施肥量远低于一元二次方程得出的最佳产量施肥量。故在肥料成本不足的情况下，选用三元二次方程得出的最佳产量施肥量作为推荐施肥量。

表2-5 密植香梨园氮磷钾肥肥料效应方程

因素	肥料效应方程	R^2	F	Significance F
N	$y=2163.5+6.8113x_N-0.0123x_N^2$	0.9891	45.39	0.1044
P	$y=2075.6+10.745x_P-0.0275x_P^2$	0.9969	158.98	0.0560
K	$y=1754.3+6.735x_K-0.0085x_K^2$	0.9876	39.89	0.1113
NP	$y=2223.072+2.73657x_N+4.69745P-0.01217x_N^2-0.02619x_P^2+0.02103x_Nx_P$	0.9941	67.72	0.1462
NK	$y=2449.979+0.78771x_N+2.06369x_K-0.01262x_N^2-0.00849x_K^2+0.01742x_Nx_K$	0.9957	45.77	0.0215
PK	$y=2469.204+1.08001x_P+2.04995x_K-0.02528x_P^2-0.00854x_K^2+0.02468x_Px_K$	0.9913	45.61	0.0216
NPK	$y=1624.55+3.6714x_N+5.3007x_P+3.0234x_K-0.0143x_N^2-0.0303x_P^2-0.0099x_K^2+0.0055x_Nx_P+0.0075x_Nx_K+0.0125x_Px_K$	0.9710	14.83	0.0098

结果说明，库尔勒香梨果实膨大期要注重氮磷钾肥的配施，氮肥和钾肥在果实膨大期对果树生长和生理特性作用尤其显著。通过试验获得最高产量施肥量为纯氮(N)261.07 kg·hm⁻²，磷（P_2O_5）186.60 kg·hm⁻²，钾（K_2O）367.96 kg·hm⁻²，获得的最高产量为3161.23kg·hm⁻²；最佳经济效益产量施肥量为氮(N)167.48 kg·hm⁻²，磷（P_2O_5）118.65 kg·hm⁻²，钾（K_2O）205.42 kg·hm⁻²，获得的最佳效益产量为2915.99 kg·hm⁻²。因此，该试验地的推荐施肥量为氮(N)167.48 kg·hm⁻²，磷（P_2O_5）118.65 kg·hm⁻²，钾（K_2O）205.42 kg·hm⁻²，推荐施肥量下获得的产量为2915.99 kg·hm⁻²。

第二节 施肥的一般原理

一、养分归还学说

1840年，德国化学家李比希系统地阐述了矿质营养理论，并以此理论为基础，提出了养分归还学说。他提醒人们，植物以各种不同方式不断地从土壤中吸收它生长所需要的矿质养分，每次收获，作物必然要从土壤中带走一些养分，这样土壤中这些养分就会越来越少，从而变得贫瘠。采取轮作倒茬只能减缓土壤中养分物质的贫竭或是比较协调地利用土壤中现有的养分，但不能彻底解决养分贫瘠的问题。为了保持土壤肥沃，就必须把植物带走的矿质养分和氮素以肥料形式全部归还给土壤，否则，土壤迟早会变得十分贫瘠，甚至寸草不生。

李比希的矿质营养理论和养分归还学说，归纳起来有四点：其一，一切植物的原始营养只能是矿物质，而不是其他任何别的东西；其二，由于植物不断地从土壤中吸收矿质养分，并把它们带走，所以土壤中这些养分将越来越少，从而缺乏这些养分；其三，采取轮作和倒茬不能彻底避免土壤养分的匮乏和枯竭，只能起到减缓和延缓作用，或是使现存养分利用得更协调些；其四，完全避免土壤中养分的损耗是不可能的，要想恢复土壤中原有物质成分，就必须施用矿质肥料，使土壤中营养物质的损耗与归还之间保持一定的平衡，否则，土壤将会枯竭，逐渐成为不毛之地。

二、最小养分律

李比希在自己试验的基础上，1843年又进一步提出了最小养分律的观点。最小养分律的中心内容是：植物为了生长发育，需要吸收各种养分，但是决定和限制作物产量的却是土壤中那个相对含量最小的营养元素。

最小养分律在推动施肥技术方面起到了重要的作用，但由于其局限性，最小养分律也存在不足，其主要的缺陷是孤立地看待作物各种营养元素的需要量，没有从相互协调、综合作用的角度分析各种营养元素之间的关系。因此，在利用最小养分律指导施肥实践时，应注意以下几个问题：

第一，最小养分是指按照作物对养分的需求来讲土壤中相对含量最少的那种养分，而不是土壤中绝对含量最小的养分。

第二，最小养分是限制作物产量的关键养分，为了提高作物产量必须先补充这种养分，否则，提高作物产量将是一句空话。

第三，最小养分因作物种类、产量水平和肥料施用状况而有所变化，当某种最小养分增加到能够满足作物需要时，这种养分就不再是最小养分了，而是另一种养分又会成为新的最小养分。

第四，最小养分可能是大量元素，也可能是微量元素，一般而言，大量元素因作物吸收量大，归还少，土壤中含量不足或有效性低，而易转化成为最小养分。

第五，某种养分如果不是最小养分，即使把它增加再多也不能提高产量，而只能造成肥料的浪费。

三、报酬递减律

18世纪后期，法国古典经济学家杜尔格提出了报酬递减律。其基本内容为：土地生产物的增加同费用对比起来，在其尚未达到最大限界的数额以前，土地生产物的增加总是随费用增加而增加，但若是超过这个最大界限，就会发生相反的现象，不断地减少下去。即在技术和其他投入量不变的情况下，作物的产品增加量随着一种肥料投入量的不断增加，依次表现为递增、递减的变化，这种情况称为肥料报酬递减律。

肥料报酬递减律对指导配方施肥具有重要的意义。但是，在利用肥料报酬递减律指导配方施肥时，必须在技术不变和包括其他肥料投入在内保持在某个水平的前提下，如果技术进步了，并由此使其他资源投入改变了投入水平，并形成了新的协调关系，肥料的报酬必然提高。

随着科学技术的进步，肥料报酬有增加的趋势，这与技术相对稳定且其他资源投入量不变条件下的肥料报酬递减是不是矛盾呢？答案是否定的，即这两种规律是同时存在的。在农业生产过程中，既要努力推动农业科学技术的进步，提高肥料报酬水平，又要充分利用肥料报酬递减律指导配方施肥，尤其要认识到，在一定的时间内，农业科学技术总是相对稳定的，与农业科学技术水平相协调，包括其他肥料投入在内的多种资源投入总要保持在一个相对不变的协调水平上。在这种情况下，就不能期望随着一种肥料投入量的增加，作物产量也无限制的增加，而依据肥料报酬递减律，根据当时的技术水平和其他资源的可能投入量，确定能够获得最佳作物产量的某种肥料的投入量，实现肥料的最佳产投效果。

四、因子综合作用律

因子综合作用律的基本内容是：作物高产取决于影响作物生长发育的各种因子，如空气、温度、光照、养分、水分、品种以及耕作条件等综合作用的结果，其中必然有一个起主导作用的限制因子，产量也在一定程度上受该限制因子的制约。产量常随这一因子变化而变化，但只有各因子在最适状态，产量才会最高。

人类已知的能够控制的影响因素有35个，已知的无法控制的因素有255个，未知影响因素仍然有1000多个，它们都会影响作物的生长及产量。只有各种因子保持一定的均衡性，才能充分发挥各种因子的增产效果，各个因素之间遵循乘法法则，共同决定作物的产量。例如，现有5个因子影响作物的产量，当每个因素都能百分之百地满足农作物的需要，则可获得最高产量；如果各因素只能满足农作物所要求的80%，则只能获得最高产量32.8%的产量，即5个因素80%的乘积。

因子综合作用律对指导施肥具有重要的意义，即施肥不能只注意养分的种类及其数量，还要考虑影响作物生育和发挥肥料的其他因素，只有充分利用各生产因素之间的综合作用，力争每一个组成因子都能最大限度地满足作物每个生长期的需要，才能做到用最少的肥料投入获取最大的经济效益。

第三节　施肥的基本原则

一、培肥地力的可持续原则

培肥地力是农业可持续发展的根本。土地是农业生产最基本的生产资料和作物生长发育的场地，地力的高低及变化趋势不仅取决于土地本身的物质特性，更受到外部自然环境因素以及人类社会生产活动的影响。如果一味地从土壤中索取，用地而不养地，进行掠夺式的经营等，都会导致地力的下降，使土地失去或降低其农业利用价值，最终导致农业生产不能持续下去。因此，地力的维持和提高是农业可持续进行的基本保证，不断培肥地力可使农业生产得到持续的发展和提高，才可以满足不断增长的人口以及由于生活水平的提高人们对农产品在量上和质上不断提高的需求。

二、协调营养平衡原则

施肥是调控作物营养平衡的有效措施。作物正常的生长发育不仅要求各种养分在量上能够满足其需求，而且要求各种养分之间保持适当的比例，一种养分过多或是不足必然会造成养分之间的不平衡，从而影响作物的生长发育。施肥可以调控作物营养平衡，如果作物体内某一营养元素低于正常水平，施肥可以调节该养分在作物体内的含量水平，使其达到最适范围，以保证作物正常生长发育对该养分的需求；如果某一养分过量，则可以通过施用其他元素肥料加以调节，使其在新水平下达到平衡。同时，施肥也是修复土壤营养平衡失调的基本手段。土壤是作物养分的供应库，但土壤中各种养分的有效数量和比例一般与作物的需求相差甚远，这就需要通过施肥来调节土壤有效养分含量以及各种养分的比例，以满足作物的需要。

三、增加产量与改善品质相统一的原则

作物产量和品质对人类是同等重要的，施肥对作物产量和品质的影响一般有3种情况：①随着施肥的增加，最佳产品品质出现在达到最高产量之前；②随着施肥量的增加，最佳产品品质出现在最高产量之后；③随着施肥量的增加，最佳产品品质和最高产量同步出现。最好的施肥结果当然是能获得最高产量又能获得最佳品质，但绝大多数情况下是不能同步获得最佳产品品质和最高产量的，那么一般的选择原则是：①在不至于使产品品质显著降低或对人、畜安全产生影响的情况下，选择实现最高产量为目标进行施肥；②在不至于引起产量显著降低时，选择实现最佳品质为目标进行施肥；③当产品和品质之间矛盾比较大时，在尽可能有利于品质改善的前提下，以提高产量为目标进行施肥；④在食品或饲料作物产品严重短缺的特殊情况下，也可以选择最高或较高的产量为目标，但最起码应保证产品中有害物质含量在安全界限内，不能对人、畜产生危害。

四、提高肥料利用率原则

肥料利用率，也称肥料利用系数或肥料回收率，是指当季作物对肥料中某一养分元素吸收利用的数量占所施肥料中该养分元素总量的系数。肥料利用率的高低是衡量施肥是否合理的一项重要指标，提高肥料利用率是施肥的基本目标，也一直是合理施肥实践中的一项基本任务。通过提高肥料利用率可提高施肥的经济效益、降低肥料投入、减缓自然资源的耗竭以及减少肥料生产和施用过程中对生态环境的污染。

五、环境友好原则

不合理的施肥不仅起不到提高产量、改善品质、改良和培肥土壤的目的，反而会导致生态环境污染，主要表现在以下几个方面：①不合理施肥造成土壤质量下降；②不合理施肥引起大气污染；③不合理施肥引起地表水体富营养化；④不合理施肥引起地下水污染；⑤不合理施肥引起食品污染。现实农业生产中，人们在追逐最高产量或最大利润时，往往会盲目地大量施用化肥，特别是氮肥，导致上述生态环境问题的发生，迫使人们对当今的施肥方式进行反思，并努力在产量、效益和环境之间寻找一个合理的平衡施肥范围。我国人口众多、人均土地面积有限，提高单位面积产量是保证我国粮食安全的根本途径，而提高单位面积产量的重要措施之一就是施肥。因此，我国在保证作物高产和优质的前提下，需要采取各种有效途径和措施来实现环境友好型施肥。

第四节　库尔勒香梨施肥的基本依据

合理施肥必须依据库尔勒香梨的营养特性、土壤状况、肥料性质、气候条件、轮作制度及耕作栽培措施等因素，最大限度地满足库尔勒香梨对各种养分的需求。

一、库尔勒香梨营养特性与施肥的关系

库尔勒香梨生长发育需要16种必需营养元素：碳、氢、氧、氮、磷、钾、钙、镁、硫、铁、铜、硼、钼、锌、锰、氯，它们属于植物营养的共性。虽然

各种植物都需要以上 16 种营养元素，但不同植物或同一植物在不同的生育期所需要的养分也有差别，甚至有些植物还需要特殊的养分。

各种作物在生长过程中所需养分及比例不同，块根、块茎植物需较多的钾，豆科作物根瘤菌可以固定大气中的氮素，故不需用氮或少施氮，但对磷、钾的需要较多。

各种作物对营养元素需求的形态也不同。

（一）植物营养期

植物从种子萌发到种子形成的整个生长周期内，需经历许多不同的生长发育阶段。在这些阶段中，除前期种子营养阶段和后期根部停止吸收养分外，其他阶段都要通过根系从土壤中吸收养分。植物通过根系从土壤中吸收养分的整个时期，叫植物营养期。植物营养期期间，对养分的需求有两个极其重要的时期，一是植物营养临界期，另一个是植物营养最大效率期。如能及时满足这两个重要时期对养分的要求，就能显著地提高作物产量。

（二）植物营养临界期和最大效率期

植物营养临界期是指营养元素过多或过少或营养元素间不平衡，对于植物生长发育起着明显不良的影响，并且由此造成的损失，即使在以后补施肥也很难纠正和弥补。

同一种植物，对不同营养元素来说，其临界期也不完全相同。大多数作物磷的临界期在幼苗期；作物氮的临界期则比磷稍后，通常在营养生长转向生殖生长的时期；植物钾营养临界期问题，目前研究资料较少，因为钾在作物体内流动性大，再利用能力强，一般不易从形态上表现出来。

植物营养最大效率期是指植物需要养分的绝对数量和相对数量都大，吸收速度快，肥料作用大，增产效率最高的时期。植物营养最大效率期，大多是在生长中期。此时植物生长旺盛，从外部形态看，生长迅速，对施肥的反应最明显。另外，各种营养元素的最大效率期也不一致。

植物对养分的要求虽有阶段性和关键时期，但还需注意植物吸收养分的连续性。任何一种植物除了营养临界期和最大效率期外，在各个生育阶段中适当供给足够的养分也是必需的。忽视植物吸收养分的连续性，植物的生长和产量也会受到影响。

二、土壤肥力特性与库尔勒香梨施肥的关系

土壤肥力是指土壤满足植物所需水分、养分、空气和热量的能力，是土壤本身的一种属性，其中水分、养分和空气是物质基础，热量是能量条件，它们是同等重要和不可替代的。土壤肥力是土壤生产力的基础，因此，为了提高土壤的生产力，应重视土壤肥力的研究和施肥。

（一）养分状况

土壤养分是植物吸收养分的最直接来源，决定着作物的基础产量，其丰缺程度直接影响到植物吸收养分量、养分效率以及产量，而不同区域以及不同土壤类型养分含量差异很大，因此，研究土壤养分状况与植物营养的关系具有非常重要的意义。

1.土壤有机质和全氮

由于新疆地处干旱区，土壤发育弱，粗骨性强，养分含量低，尤其有机质和氮素含量少。土壤有机质与全氮含量一般呈正相关，即有机质含量高，氮素含量也高。在不同的自然和人为条件下，土壤有机质和全氮含量有较大差异。南疆土壤有机质普遍低于北疆，灌溉有利于荒漠土壤中有机质的积累，而施肥能使土壤有机质和全氮含量保持较高的水平。新疆农田土壤碱解氮含量还是不高，大都低于60 mg·kg^{-1}，处于亏缺的范围。因此，新疆农田土壤进行有机培肥和增施氮肥是一项长期有效的作物增产措施。

2.土壤磷素

土壤磷素含量多受成土母质、有机质含量的影响。新疆土壤全磷含量范围为：0.50～1.40 g·kg^{-1}，处于较高的水平。由于磷肥的施用，土壤有效磷含量也较第二次土壤普查有所提高，尤其棉田土壤的有效磷含量提高更明显，大多处于中等偏下水平（8～15 mg·kg^{-1}）。如果土壤有效磷含量高于15～20 mg·kg^{-1}，施用磷肥的肥效就比较差。

3.土壤钾素

土壤钾素含量主要与成土母质和有机质含量有关。由于新疆土壤成土母质含量丰富，所以土壤全钾含量一般在12.5～24.9 g·kg^{-1}，最高可达35.0 g·kg^{-1}。速效钾含量多在130～300 mg·kg^{-1}之间，最高可达500 mg·kg^{-1}以上。随着农业

生产技术的发展和产量不断提高，缺钾现象和施用钾肥增产的作用越来越突出。出现这种情况的原因有三方面：一是耕地面积扩大，有机肥用量少，秸秆还田率低，钾素归还率低；二是农户长期不施用钾肥，土壤钾素长期处于不断耗竭状态；三是由于作物产量大幅度提高，高产作物需要更多的钾素来增加产量，加速了土壤钾素的消耗。

4.微量元素

新疆主要土壤类型中微量元素含量变幅很大，主要微量元素含量基本状况如下：

铁稍缺。耕地土壤有效铁含量变幅在 $1.07\sim106.40$ mg·kg^{-1} 之间，平均含量为 11.2 mg·kg^{-1}。

锌极缺：土壤有效锌含量变幅在 $0.16\sim6.18$ mg·kg^{-1} 之间，平均 0.7 mg·kg^{-1}。

锰中度缺乏。全疆耕地土壤有效锰含量变幅在 $0.57\sim70.84$ mg·kg^{-1} 之间，平均为 8.53 mg·kg^{-1}。

铜含量丰富。土壤有效铜含量变幅在 $0.21\sim16.10$ mg·kg^{-1} 之间，平均含量为 1.81 mg·kg^{-1}。

硼易缺。耕地土壤有效硼含量变幅在 $0.22\sim66.00$ mg·kg^{-1} 之间，平均为 2.56 mg·kg^{-1}。

新疆土壤养分大体特征为富钾少磷急缺氮，但随着种植单产的逐步提高，土壤钾含量也开始明显下降。根据新疆土壤养分含量状况和变化特点，结合大量的肥料试验，有关专家提出了目前新疆土壤施肥的基本原则：增氮、稳磷、补钾和有针对性地喷施微量元素（锌、硼、锰），从而改进了第二次土壤普查的"缺氮、少磷、钾丰富"土壤养分状况的认识。

5.农三师小海子垦区存在的问题

（1）种植规划不足，盲目性强，水资源调配不合理

小海子垦区目前香梨种植面积大，但种植分散，不利于集约化管理，造成灌溉水资源调配难，水资源调配与香梨需水需肥规律严重冲突。根据其他作物需水规律调配的水资源无法满足香梨生长所需水分，花前花后是香梨需水期，但水资源无法供应；新梢生长旺盛期需要控水，但由于前期缺水，此时期必须补水，造成花芽形成难，花芽质量差。同时，种植分散还会导致技术培训难、技术管理成本增加等问题，一定程度上影响香梨的市场竞争力。

（2）花果管理不合理

在香梨栽植时存在品种单一，授粉品种配置比例不足或不栽植授粉品种。香梨自花结实率很低，必须异花授粉才能提高坐果率（李萍等，2013），授粉品种不足是导致小海子垦区库尔勒香梨结实率低的重要原因。同时，农户不注重使用人工点授、器械喷粉、液体喷粉、挂花枝、高接花枝等花期授粉技术，导致香梨产量低下甚至绝产。

（3）树体管理不当

在库尔勒香梨早期生长管理中不注重促干控枝、刻芽培养侧枝、及时开角拉枝形成合理树形等，导致很多库尔勒香梨园存在"扫把头"、丛生枝、枝条分布不合理、上强下弱等现象，给后期管理带来不必要的麻烦。

（4）水肥管理不到位

垦区内农户对香梨需水需肥规律了解不多，盲目进行肥水管理。施肥灌水时期掌握不当，如在需水需肥最大的果实膨大期肥水供应不足，新梢生长旺盛期水肥供应过多，落叶期的水分供应更会使树体营养储备不足，导致早春抽条现象发生。大多数农户基肥以春施为主，且开沟深度不足，导致当年树体营养供应不足、肥料浪费等。

（5）病虫害严重，防治效率低下

由于小海子垦区内香梨园种植较为分散，库尔勒香梨园还常种植其他作物，病虫害防治难度大，各作物病虫害交叉多。垦区内危害库尔勒香梨的病害主要有腐烂病、轮斑病、黑星病等，危害库尔勒香梨的害虫主要有梨小食心虫、李小食心虫、蠹蛾、梨茎蜂、梨木虱、梨园蚧、害螨、康氏粉蚧等。摸清本地区病害与虫害的发生规律是制定防治措施的重点，把握好预防为主，统防统治的原则是降低虫口基数的关键所在。

6.库尔勒香梨优质高效管理措施

（1）合理建园，科学种植

建园选择四周林、渠、路、电等配套，土壤条件、排水条件良好的地块，有机质含量在1.0％以上的沙质壤土为宜，土层厚度1 m以上，地下水位在1.5 m以下，土壤pH值低于8.5，总盐量在0.3％以下。库尔勒香梨树栽植以土壤解冻后至果树萌芽前（三月下旬至四月初）为宜，也可在十月下旬至十一月进行秋栽，秋栽时要避开大风、低温天气，注意保护幼树根系，免受冻害。栽植密度最好选择宽行距、窄株距，即1650～2500株·hm^{-2}，便于机械化管理且可以根据树龄调整合适密度，栽植前对苗木根系进行修整，剪除干枯、劈裂伤残部分，并用水浸泡24 h。

（2）重视库尔勒香梨树授粉，提高结实率

在建园时注重授粉树比例搭配，"鸭梨"和"砀山酥梨"与库尔勒香梨花期基本一致，花粉量大，可作为库尔勒香梨授粉树。授粉树与主栽品种采用东西向和南北向中间隔两行在第三行交叉处配置的方法，主栽品种与授粉品种比例以8∶1（若授粉品种果实价值高，可缩小比例，最低不能低于4∶1）为宜。在授粉树充足的果园，利用放蜂可辅助授粉，在开花前每0.34 hm^{2}地放置1箱蜜蜂；在授粉树比例不足的果园，可用人工点授、人工抖授、器械喷粉、液体喷粉、挂花枝、高接花枝等方法辅助授粉。人工点授与人工抖授花粉用量为149 g·hm^{-2}；液体授粉可用1喷雾器水+10 g花粉+1.2 kg蔗糖+少量硼肥+黄原胶的方法，使用背负式喷雾器在初花期与盛花期喷洒两遍；器械喷粉可将花粉稀释10～20倍（滑石粉或淀粉），用授粉器快速均匀喷授；高接花枝作为解决当前问题一劳永逸的方式，可于2月中下旬，采用每隔3～5棵树在主干上东北方向（当地主风向）选一个芽切接砀山梨或鸭梨花枝。

（3）科学水肥运筹

整个生育期灌水4～6次，注意萌芽水、花后水、催果水、冬前水4次关键水。5月中下旬控水，延长灌水间隔时间，控制新梢生长，促进花芽分化。8月中旬停水，促使当年生新梢老化成熟，以便顺利越冬。结合灌水，在果树需肥的关键时期施入相应的肥料，施肥原则把握氮肥以前轻后重为主，磷肥以基施为主，钾肥则侧重后期追施，重视有机肥的投入。根据土壤地力和库尔勒香梨园目标产量确定施肥量，盛果期果园农家肥的使用量可根据目标产量确定，按照产1 kg果施1 kg农家肥的原则。化肥用量可按照氮∶磷∶钾肥为2∶1∶2进行总量控制，基肥按照全年氮、磷、钾肥施肥量的50%、100%、30%施入，根据香梨需肥规律，每生产100 kg香梨，需基施纯氮0.35～0.5 kg（折合尿素0.8～1.1 kg）、纯磷0.3～0.6 kg（折合15%过磷酸钙2.0～4.0 kg）、纯钾0.18～0.33 kg（折合硫酸钾0.36～0.66 kg）；追施纯氮0.35～0.5 kg（折合尿素0.8～1.1 kg）、纯钾0.42～0.77 kg（折合硫酸钾0.84～1.54 kg）。基肥可于果实采收后的8月底至9月中旬机械开沟施入，施肥深度40～60 cm；追肥于花前、花后和果实膨大期在树冠下开沟5～10 cm施入。

（4）病虫害防治

库尔勒香梨园病虫害防治主要通过农业防治、物理防治与化学防治相结合的方法来降低库尔勒香梨园虫口基数。农业防治措施包括清园、刮老翘皮、刮治病斑、树干绑草把、树干涂白、剪除病虫枝等；物理防治措施包括黄篮粘虫板、性诱剂、迷向丝、太阳能杀虫灯、糖醋液等，尤其要重视花期粘虫板对盲椿象的诱杀。于春季萌芽前结合清园喷 5 波美度的石硫合剂消灭越冬的卵和幼虫，降低越冬基数。库尔勒香梨树病害防治主要是结合冬剪，将枯梢、病果台、干桩、病剪口等病组织剪除，减少侵染源。早春、夏季刮治病斑，用药剂涂抹病部和伤口，防止其扩展蔓延。腐烂病用 5% 菌毒清 100 倍液或腐必清 100 倍液喷施，轮斑病用 50% 多菌灵可湿性粉剂 800 倍液均匀喷洒，黑星病用 0.3% 苦参碱水剂 600～800 倍液防治。用菊酯类药、阿维菌素、蚧螨灵、啶虫脒、吡虫啉等药物灭杀蠹蛾、梨小食心虫、梨茎蜂、梨木虱、梨圆蚧、害螨类、蚜虫等害虫。

（二）土壤酸碱性

土壤酸碱性直接影响了土壤微生物的活动。土壤有机质的转化，一般都在接近中性的环境中通过微生物的参与来完成。矿质养分的转化，大多受土壤酸碱反应的影响，例如磷在 pH 6.5～7.5 时有效性最大，过酸过碱都会引起磷的固定，降低其有效性。

土壤酸碱性对土壤结构有很大影响。新疆碱性土壤中，交换性钠增加，使土粒分散，结构破坏。

土壤酸碱性对植物生长也有一定影响。不同种类的植物，适应酸碱范围不同。有些作物对酸碱性很敏感。

（三）土壤通气性

土壤通气性一方面直接影响作物根系和微生物的呼吸作用，另一方面也影响各种物质的存在形态。土壤通气状况好，氧化还原电位就高，土壤有效养分增多；反之，土壤通气不良，氧化还原电位低，有些养分被还原或有机物分解产生某些有毒物质，影响作物生长。

土壤通气性太强，土壤处在完全好气的氧化状态，有机物质迅速分解，使大量养分被损失。同时有些养分如铁、锰等元素，完全以高价化合物状态存在，成为不溶性化合物沉淀于土壤中，作物不能吸收。通气差时，铁、锰化合物呈还原态，土壤溶液中亚铁数量增多，甚至可以高到危害作物生长的程度。尤其是在淹水条件下，容易产生硫化氢、一氧化碳、甲烷等还原性气体，对作物根系生长造成致命危害。

（四）土壤水分

水分对植物养分有两方面作用：一方面可加速肥料的溶解和有机肥料的矿化，促进养分的释放；另一方面稀释土壤中养分浓度，并加速养分的流失，所以雨天不宜施肥。反之，如雨水不足，必然影响植物的生长，对禾谷类作物还会影响分蘖，从而影响产量。

（五）土壤温度

在一定的范围内，植物根系吸收养分的能力随土温升高而不断增加，但温度过高或过低都会大大地降低养分的吸收量。土温低，根系生长缓慢，减少了根的吸收面积；同时降低了根的呼吸作用，影响其主动吸收。土温过高时，对根的吸收也不利。这是由于高温能使原生质的结构受到破坏，因而丧失半透性膜的性质，引起物质外漏。各种作物所需要的适宜土温不同。如温度过低或过高，均会影响对养分的吸收。

寒冷地区以及山坡北面，除增施磷、钾肥和腐熟的有机肥外，还须使用热性肥料，如马粪、羊粪等，以提高土温。

（六）土壤质地

土壤按质地分为三类：沙土类、黏土类、壤土类。

沙性大的土壤，水分向下渗漏快，表面干性，通气性好，温度变化大，土壤保持化肥肥分能力较差，易引起漏肥现象。如一次施肥太多，施肥后碰到大雨或大量灌水，易引起肥分流失，所以应适时适量分次施肥浇水。

黏性类土壤，养分含量高，温度低而稳定，通气性差，保肥保水性好，肥力缓而长，因此，一次用量多些，也不致引起烧苗和肥分流失，但后期施氮肥量太多，会引起作物贪青晚熟。

壤土类土壤，它兼有沙质土和黏质土之优点，保水保肥性能好，是农业生产上质地比较理想的土壤。

三、气候条件与库尔勒香梨施肥的关系

农业生产与工业生产不同，大都为自然条件下的大田作业，气候条件对库尔勒香梨的生长发育、产量及经济效益有着决定性的影响。

（一）光照

光照对库尔勒香梨吸收、利用养分的影响主要表现在：一是提供能源，库尔勒香梨吸收养分需要消耗能量，这些能量来自光合作用；二是提供原料，库尔勒香梨体内吸收的 NH_3 在通化时需要有机酸作为原料，当光照不足时，库尔勒香梨体内的碳水化合物就少，因而有机酸形成少，从而导致 NH_3 在体内不能及时转化而积累，严重时甚至发生氨中毒；三是激活酶，如光照影响库尔勒香梨对硝态氮肥的吸收，主要是因为硝酸还原酶需要用光激活，从而促进硝态氮向铵态氮转化，有利于库尔勒香梨吸收利用硝态氮肥。

（二）降雨量

雨水对库尔勒香梨养分有两方面作用：一方面可加速肥料的溶解和有机肥料的矿化，促进库尔勒香梨对养分的吸收；另一方面稀释土壤溶液浓度，并加速养分的淋失，所以在雨天不宜施肥。

（三）风

对农业生产影响较大的是春夏之交的干热风，常引起植株失水，根系早衰而丧失吸收养分的能力，造成小麦灌浆中止，影响产量和质量。生产上常用喷施磷酸二氢钾来防止或减轻干热风的危害，作用机理是：第一，防止根系早衰，延长对养分和水分的吸收时间，激活和强化吸收功能，保证植株正常生长；第二，延缓叶片衰老，增加光合作用，加快光合产物的运转。

（四）温度

温度对植物营养的作用有两个方面：第一，能促进土壤有机质的矿化，供给植物有效养分；第二，能促进植物的新陈代谢，增加植物的呼吸，有利于植物对养分的吸收。温度过高或过低，对植物生长均有不良的影响。

四、栽培技术与库尔勒香梨施肥的关系

各种生态因子综合作用的结果表现在作物高产、稳产上。因此，施肥是否

经济有效与耕作、灌溉、轮作制度、种植密度及病虫害防治等农业技术条件密不可分。

（一）耕作与施肥

耕作可以改变土壤的理化性状和微生物的活动，进而影响土壤中的环境条件，促进土壤养分供应情况，而且还能促进植物根系的伸展和对养分的吸收能力。另外，施肥后结合耕作，可使土肥相融，减少养分损失，还可除杂草，保证土壤对植株的养分供给，提高肥料利用率。

（二）轮作与施肥

由于我国可耕地面积较少，提高单位面积产量则尤为重要。一熟变两熟，两熟变三熟，复种指数不断提高。因此，不仅土壤所需要养分的数量会逐渐增多，而且养分的构成也会发生变化。

（三）密植与施肥

合理密植是争取作物高产的基础。要使栽培作物达到一定的产量指标，必须有一定数量的植株作保证。在生产实践中，我们可以根据土壤情况，按照品种可能达到的目标产量所需要的施肥量，分别采取"前重后轻"或"前轻后重"的施肥原则，在施足基肥的前提下，攻秆、攻穗、攻籽，争取高投入、高产出、高效益。

（四）灌溉与施肥

良好的灌溉可以大大提高施肥的效果。在旱作区，若需施肥时恰逢干旱又不能灌溉，施入的肥料不仅不能营养植株，反而还会由于土壤溶液浓度增加致使植物细胞中的水分外渗，加速植株的萎蔫和死亡。若能结合施肥浇水，水肥相济，可充分发挥肥料的增产效果。

（五）病虫防治与施肥

科学合理地使用肥料可以促进作物个体强健，增强抗逆能力；相反，若施肥不当，不仅会引起植株代谢失调，还会导致病虫危害，反过来影响肥料的使用效果。有些植物病害是由缺素引起的，因此，根据植物病害发生情况也可估测植株营养情况，对症施肥。有些物质本身既可防治植株病虫害，也可营养植株，起到药肥双效的作用。

第五节　库尔勒香梨主要施肥方法

施肥技术是对作物和土壤施用肥料的时期、数量、方法的总称。作物有一年生和多年生的区别，即使是同一种作物，在不同生长发育期对营养的要求也不相同。因此，除去确定施肥的数量和营养比例外，不同施肥方法也是合理施肥的重要一环。按施肥的时期和目的，作物施肥可以分为基肥、追肥和种肥3种形式。这3种形式中，又可以分为不同的施肥方法。

一、基肥

基肥，系指作物播种或定植前、多年生作物在生长季末或生长季初，结合土壤耕作所施用的肥料，其目的是在于为作物生长发育创造良好的土壤条件，满足作物对营养的基本要求。用作基施的肥料主要是农家肥和在土壤中移动性小或发挥肥效较慢的化肥，如磷肥、钾肥和一些微量元素肥料。

（一）撒施

将肥料均匀地撒布于土壤表面，结合犁、耙将肥料翻入土中，使其与根系生长的主要土层混合，使种子萌发后就可以吸收到养分；同时，还可以较好地改良土壤。撒施适用于施肥量大的密植作物或根系分布广的作物。

（二）条施

结合犁地开沟将肥料集中地施在作物播种行附近，种子与肥料距离较近，能及时供给作物需要。但是由于肥料相对集中，可能会造成局部区域土壤溶液浓度较高，所以种子不能与肥料直接接触，需要在施肥沟附近播种。

（三）分层施肥

播种前耕作分层施用基施的方法，多用于施肥量较大的情况。一般迟效性肥料多施于土壤耕层的中下部，速效性肥料施于耕层的上部，以适应不同时期作物根系的吸收能力，充分发挥肥料的增产作用。

（四）全层施肥

全层施肥系指将肥料均匀地施于耕层内，这种方法适合于水田。将肥料撒施于土表，边撒肥边旋耕，深度在10 cm左右，使肥料与土壤充分混合，减少肥料的损失，有利于作物根系的吸收。

（五）环状与放射状沟施

这种方法主要用于果树。环状沟施肥是在树冠投影外缘的地面上挖一个环状沟，深度、宽度依施肥量多少而定，施肥后埋土填平踏实。放射状沟施肥是在树冠投影线内，以树干为中心向外围挖4～8条发射状的直沟，沟长依树冠大小而定，沟宽30～50 cm，内浅外深，一般为30～50 cm，肥料施于沟内，覆土填平踏实。第二年再于上年施肥沟交错的位置挖沟施肥。

二、追肥

追肥系指在作物生长期间施用的肥料，其目的是满足作物生育期间对养分的要求。一般选择速效化肥和腐熟良好的农家肥作追肥。追肥时，尽管作物已经生长在土壤上，但也不能将肥料撒于土壤表面靠天等雨。

（一）追肥深施

这是既可保证作物能够及时吸收到营养，又可减少肥分损失的方法。一般采用开沟条施或穴施，将肥料深施在根系密集层附近。深施后，要及时覆土，以减少肥分挥发。

（二）灌水施肥

将肥料溶于灌溉水中，使肥料随水施入土壤（彩图15）。适合灌水施用的肥料主要是氮肥。灌水施肥的优点：①呈溶液状态的营养可较快地被作物根系吸收；②可以多次施肥满足作物对营养的要求；③可用于不能进行撒施肥料的高秆作物，以减少作物的机械损失；④节省施肥投入的劳力。

（三）根外追肥

1.叶面施肥

叶面施肥是将含有营养的溶液喷洒在根系以外的作物表面的一种追肥方法。其优点是可以及时保证作物生长发育时期内对营养的需求，缓解营养临时性亏缺。

2.喷灌施肥

喷灌施肥兼有叶面施肥和土壤施肥的作用。喷灌施肥是将肥料加入喷灌的水中,同时解决灌水和补充营养的问题。

三、种肥

(一)研究背景

水分是影响库尔勒香梨正常生长和果实品质一个重要因子,长时间灌水与灌水不当均会造成库尔勒香梨树产量下降、果实质量下降。

本研究对库尔勒香梨树的水分利用率进行了分析,结果表明:采用滴灌可节省约49.85%的水。产量、品质和水分利用影响的试验表明:采用滴灌节水37%,产量提高45.1%。另有研究结果显示,黄冠梨滴灌节水比水田灌溉效果好。研究发现滴灌对库尔勒香梨粗壮有明显促进作用,滴灌所用灌水量较漫灌相比降低了64%。臧小平等(2021)发现,将滴灌运用在种植香蕉上可节约水量20%左右,增产16%。山地地区进行果树滴灌试验发现,果树在滴灌条件下更适宜其生长发育,经济灌溉定额省工80%。在设施果树上应用滴灌技术试验显示,与普通灌溉方式相比,滴灌节水量可达到50%左右。另有研究结果显示:果实生长受水分影响较大,在干旱胁迫下,果实生长发育受到明显抑制,而在果实发育的中长期,则表现出较强抑制效应。

本试验旨在研究不同水、肥用量对主干结果型库尔勒香梨树枝条生长的影响;不同水、肥用量对主干结果型库尔勒香梨园土壤养分吸收的影响;不同水、肥用量对主干结果型库尔勒香梨园植株养分吸收和分配的影响;不同水、肥用量对主干结果型库尔勒香梨树果实单果重及产量的影响;不同水、肥用量对主干结果型库尔勒香梨树果实品质的影响。

(二)试验方法

1.土壤养分测定

开花前:采取五点取样法,在试验区选取五个取样点,分别采集0～20 cm、20～40 cm、40～60 cm、40～80 cm土样,将每层土壤样品混合均匀,利用四分法筛取土样,最终取约1000 g土样带回实验室,一部分放入冰箱低温冷冻保存;另一部分经风干研细后,每个样品分成两份,分别过1.0 mm和

0.2 mm筛，于密封袋中保存备用，做好标记。

测定指标：土壤容重（环刀法），田间持水量（威尔科克斯法），土壤含水量（烘干法），土壤饱和持水量（烘干法），碱解氮（碱解扩散法），速效磷（碳酸氢钠浸提-钼锑抗比色法）、速效钾（浸提-火焰光度法），有机质（重铬酸钾滴定法-外加热法），全盐量（残渣烘干法）、pH值（pH计测定），电导率（电导率测定仪），硝态氮（1 mol·L^{-1}KCl浸提、AA3型连续流动分析仪测定），铵态氮（1 mol·L^{-1}KCl浸提、AA3型连续流动分析仪测定）。

幼果发育期、果实膨大初期、果实膨大后期、果实成熟期：施肥约两周后，在距离滴灌管滴口5 cm处取样，各个试验区选取四个取样点，分别采集0～20 cm、20～40 cm、40～60 cm土样，将每层土壤样品混合均匀，利用四分法筛取土样，最终取约1000 g土样带回实验室，一部分放入冰箱低温冷冻保存；另一部分经风干研细后，每个样品分成两份，分别过1.0 mm和0.2 mm筛，于密封袋中保存备用，做好标记。

测定指标：N因素试验中，测定碱解氮（碱解扩散法），硝态氮（1 mol·L^{-1}KCl浸提、AA3型连续流动分析仪测定），铵态氮（1mol·L^{-1}KCl浸提、AA3型连续流动分析仪测定）。

P因素试验中，测定速效磷（碳酸氢钠浸提-钼锑抗比色法）。

W因素试验中，测定碱解氮（碱解扩散法），速效磷（碳酸氢钠浸提-钼锑抗比色法），硝态氮（1 mol·L^{-1}KCl浸提、AA3型连续流动分析仪测定），铵态氮（1 mol·L^{-1}KCl浸提、AA3型连续流动分析仪测定）。

2.库尔勒香梨树生长指标测定

（1）枝条生长量测定

枝条选择当年生新生枝条，于植株东、南、西、北4个方向随机抽取1个当年生枝条，每株选定4个枝条，选定两株树，挂上做好标记的吊牌。用卷尺测量各小区挂牌枝条生长量，每10 d测定一次（彩图16、17）。

（2）SPAD值测定

于选定枝条末端起，选定倒数第三片叶子及第四片叶子，用LAI-2200C分析仪进行测定各小区叶片SPAD值，每30 d测定一次。

（3）果实纵横径测定

于各小区选取5个幼小库尔勒香梨果，用游标卡尺测定果实的纵横径生长量，15 d测定一次。

3.果实品质测定

采样方法：每个小区随机摘取鲜果5个，共取鲜果225个。

测定指标：有机酸（氢氧化钠滴定法）、可溶性糖（斐林试剂法）、VC（2，6-二氯靛酚法）、可溶性固形物含量（糖度计测定）、石细胞含量（改良冷冻法测定）、果实品级用称重法测定（一级果>120 g；二级果>100 g；三级果<100 g）。

4.叶片全氮、全磷含量的测定

采样方法：在幼果发育期、果实膨大前期、果实膨大后期、果实成熟期分别采取小区内当年枝条叶片与多年枝条叶片各10片，带回实验室进行清洗、杀青、烘干、研磨，装进密封袋，贴上标签，备用。

测定指标：叶片全氮（H_2SO_4–H_2O_2消煮、凯氏定氮法），叶片全磷（H_2SO_4–H_2O_2消煮、钒钼黄比色法）。

（三）结果分析

不同灌水量对不同土层深度下库尔勒香梨园土壤碱解氮含量的影响如图2-1所示。

开花期，土壤碱解氮随着灌水量增加，0～20 cm处含量随之缓慢降低，规律为：W1>W2>W3>W4>W5，最高值与最低值差值为11.9 mg·kg^{-1}；20～40 cm处碱解氮含量W3处理最高，为7.23 mg·kg^{-1}，W5处理最低，碱解氮含量为4.42 mg·kg^{-1}；40～60 cm处碱解氮含量变化趋势不大。

幼果发育期，土壤碱解氮含量普遍高于开花期含量。0～20 cm处W1处理的碱解氮含量最高，为44.57 mg·kg^{-1}，W5处理最低，含量为32.43 mg·kg^{-1}，最高值与最低值差值为12.14 mg·kg^{-1}；20～40 cm处碱解氮含量表现的规律为W1>W3>W2>W4>W5；40～60 cm处碱解氮含量W3处理最高，含量为6.30 mg·kg^{-1}，W2处理含量最低，为3.03 mg·kg^{-1}。

果实膨大初期，土壤碱解氮含量所表现出来的规律与幼果发育期相似。在0～20 cm处，W1与W2处理的碱解氮含量较高，分别为35.93 mg·kg^{-1}、34.53 mg·kg^{-1}，W5处理的最低，含量为28.93 mg·kg^{-1}，最高值与最低值的差值为7 mg·kg^{-1}；20～40 cm处，碱解氮含量表现为W3>W1>W4>W2>W5；

40～60 cm 处，W2 与 W4 处理的碱解氮含量较高，分别为 7.93 mg·kg⁻¹、7.00 mg·kg⁻¹。

果实膨大后期，0～20 cm 处，土壤碱解氮含量表现为：W1＞W2＞W3＞W4＞W5，最高值与最低值的差值为 10.03 mg·kg⁻¹；20～40 cm 处，碱解氮含量的变化规律与幼果发育期和果实膨大前期相似；40～60 cm 处，碱解氮含量变化规律与 0～20 cm 处的相似，其中，W2 与 W3 处理含量相近，W4 与 W5 处理含量相近。

果实成熟期，0～20 cm 处碱解氮含量从大到小依次是：W1、W2、W3、W4、W5，W1 处理远远高于其他处理，其含量为 42.23 mg·kg⁻¹，最高值与最低值差值为 13.07 mg·kg⁻¹；20～40 cm 处，W1 与 W2 处理碱解氮含量相近，W3 与 W4 处理含量相同；40～60 cm 处碱解氮含量所表现出来的规律为 W1＞W4＞W2＞W3＞W5。

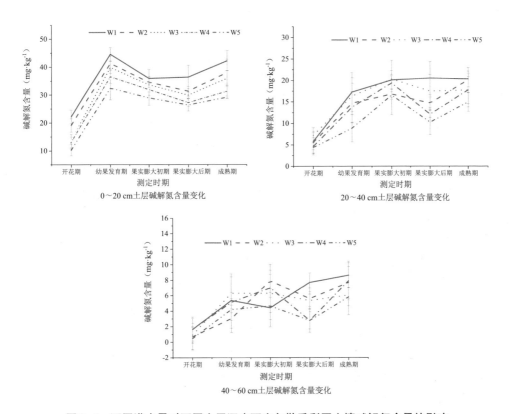

图2-1　不同灌水量对不同土层深度下库尔勒香梨园土壤碱解氮含量的影响

随着生育期的推移，不同灌水量下各处理间0～20 cm处硝态氮含量呈现出"增加-降低-增加"趋势，如图2-2所示。

开花期，0～20 cm土层，各处理的硝态氮含量变化规律从大到小依次为：W1＞W3＞W2＞W5＞W4，W1处理的硝态氮含量显著高于其余处理，为5.83 mg·kg⁻¹，最高值与最低值之间的差值为3 mg·kg⁻¹；20～40 cm土层，各处理的硝态氮含量变化规律与0～20 cm土层基本一致；40～60 cm土层，W1处理的硝态氮含量与其他处理相比，其值较高，为1.67 mg·kg⁻¹。

幼果发育期，与开花期相比，各处理的硝态氮含量有所增加。0～20 cm土层，各处理的硝态氮含量随着灌水量增加呈下降趋势，最高的W1处理与最低的W5处理之间的差值为10.83 mg·kg⁻¹；20～40 cm土层，各处理间硝态氮含量差异不明显；40～60 cm土层，各处理的硝态氮含量变化规律由大到小依次为W3＞W1＞W5＞W4＞W2。

果实膨大初期，各处理的硝态氮含量与幼果发育期相比，有所降低。0～20 cm土层，各处理的硝态氮含量变化规律由大到小依次为W2＞W1＞W5＞W3＞W4，W2处理的硝态氮含量显著高于W4处理，为8.50 mg·kg⁻¹；20～40 cm土层，各处理的硝态氮含量无明显差异；40～60 cm土层，与20～40 cm土层变化规律相似，各处理的硝态氮含量差异不显著。

果实膨大后期，与果实膨大前期相比，各处理间硝态氮含量有所降低。0～20 cm土层，各处理间硝态氮含量变化规律由大到小依次为W2＞W1＞W3＞W4＞W5，W5处理的硝态氮含量显著低于W1与W2处理，为5.98 mg·kg⁻¹；20～40 cm土层，W3与W5处理的硝态氮含量较高，分别为5.50 mg·kg⁻¹、5.33 mg·kg⁻¹，W1与W4处理的硝态氮含量较低，分别为4.33 mg·kg⁻¹、4.67 mg·kg⁻¹；40～60 cm土层，W2与W3处理的硝态氮含量较高且相同，均为4.83 mg·kg⁻¹，W4处理的硝态氮含量较低，为2.17 mg·kg⁻¹。

果实成熟期，与果实膨大后期相比，各处理的硝态氮含量有所增加。0～20 cm土层，各处理的硝态氮含量随灌水量增加呈下降趋势，W1处理的硝态氮含量最高，为12.50 mg·kg⁻¹，W5处理的硝态氮含量最低，为5.98 mg·kg⁻¹；20～40 cm土层，各处理间硝态氮含量变化规律由大到小依次为W4＞W1＞W3＞W5＞W2；40～60 cm土层，各处理的硝态氮含量差异显著，W1与W3处理的硝态氮含量显著高于其他处理，分别为5.17 mg·kg⁻¹、4.50 mg·kg⁻¹。

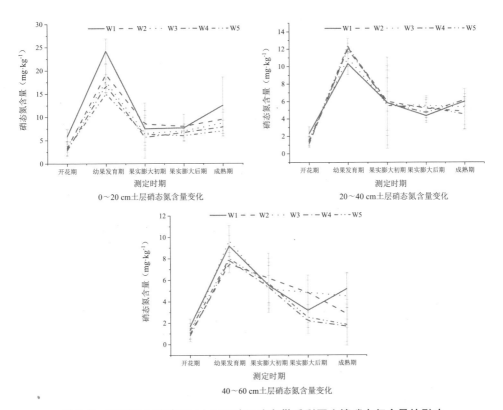

图2-2　不同灌水量对不同土层深度下库尔勒香梨园土壤硝态氮含量的影响

随着生育期的推移，不同灌水量下各处理间 0～20 cm、20～40 cm 处铵态氮含量呈现出"增加-降低-增加"趋势，如图 2-3 所示。

开花期，0～20 cm 土层，各处理间铵态氮含量变化规律由大到小依次为：W3＞W5＞W2＞W1＞W4，W3 处理的铵态氮含量显著高于其余处理，为 7.00 mg·kg^{-1}，铵态氮含量最高的 W3 处理与最低的 W4 处理差值为 3.83 mg·kg^{-1}；20～40 cm 土层，W3 与 W5 处理的铵态氮含量显著高于其余处理，分别为 4.00 mg·kg^{-1}、4.42 mg·kg^{-1}；40～60 cm 土层，各处理间铵态氮含量差异不明显。

幼果发育期，与开花期相比，各处理间铵态氮含量有所增加。0～20 cm 土层，各处理间铵态氮含量随着灌水量增加而下降，W5 处理的铵态氮含量显著低于 W1 与 W3 处理，为 5.92 mg·kg^{-1}；20～40 cm 土层，各处理间铵态氮含量变化规律为：W4＞W5＞W3＞W1＞W2；40～60 cm 土层，W3 处理的铵态氮含量显著高于 W2、W5 处理，为 3.08 mg·kg^{-1}。

果实膨大初期，各处理间铵态氮含量有所增加，0～20 cm土层，铵态氮含量最高的W2处理与最低的W4处理差值为3.67 mg·kg^{-1}；20～40 cm土层，各处理间铵态氮含量变化规律由大到小依次为：W1＞W5＞W2＞W3＞W4；40～60 cm土层，各处理间铵态氮含量变化差异不明显。

果实膨大后期，随着灌水量增加，各处理间铵态氮含量呈下降趋势。0～20 cm土层，各处理间铵态氮含量呈下降趋势，W1与W2处理的铵态氮含量相同且显著高于W4、W5处理，均为4.75 mg·kg^{-1}；20～40 cm土层，各处理间铵态氮含量变化趋势为：W1＞W2＞W3＞W5＞W4；40～60 cm土层，W1与W2处理的铵态氮含量相同，均为2.17 mg·kg^{-1}，W4处理的铵态氮含量较低，为1.58 mg·kg^{-1}。

果实成熟期，随着灌水量增加，各处理间铵态氮含量呈现升高趋势。0～20 cm土层，W1与W2处理的铵态氮含量显著高于其余处理，分别为10.83 mg·kg^{-1}、10.75 mg·kg^{-1}；20～40 cm土层，各处理间铵态氮含量差异不明显；40～60 cm土层，W5处理铵态氮含量低于其余处理，为3.00 mg·kg^{-1}。

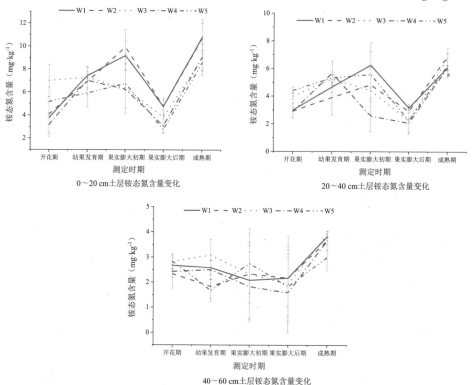

图2-3　不同灌水量对不同土层深度下库尔勒香梨园土壤铵态氮含量的影响

随着生育期的推移，不同灌水量下各处理间0～20 cm处速效磷含量呈现出"增加-降低-增加"趋势，如图3-4所示。

开花期，0～20 cm速效磷含量随灌水量增加而降低，W1处理的速效磷含量最高，达到了51.28 mg·kg⁻¹，W5处理的速效磷含量最低，为34.01 mg·kg⁻¹，两者之间差值为17.17 mg·kg⁻¹；20～40 cm土层，速效磷含量变化趋势为：W2 > W1 > W3 > W4 > W5；40～60 cm土层，W2处理的速效磷含量最高，为21.46 mg·kg⁻¹，W4处理的速效磷含量最低，为12.07 mg·kg⁻¹。

幼果发育期，与开花期相比，土壤速效磷含量普遍较高。0～20 cm土层，速效磷含量变化由大到小依次为W1、W2、W3、W4、W5；20～40 cm土层，W1与W2处理的速效磷含量相近，分别为61.08 mg·kg⁻¹、59.41 mg·kg⁻¹，W4与W5处理的速效磷含量相近，分别为63.94 mg·kg⁻¹、62.25 mg·kg⁻¹；40～60 cm土层，速效磷含量最低的是W4处理，为17.17 mg·kg⁻¹，最高的是W3处理，为38.92 mg·kg⁻¹。

果实膨大初期，0～20 cm土层速效磷含量变化趋势为：W1 > W2 > W3 > W4 > W5，W1处理高于其余处理，其含量为92.62 mg·kg⁻¹；20～40 cm土层，W1处理的速效磷含量最高，达到了67.87 mg·kg⁻¹，W5处理的速效磷含量最低，为45.87 mg·kg⁻¹，两者之间差值为22.00 mg·kg⁻¹；40～60 cm土层，W2与W5处理的速效磷含量较低，分别为22.69 mg·kg⁻¹、20.18 mg·kg⁻¹，W1处理的速效磷含量最高，为44.40 mg·kg⁻¹。

果实膨大后期，0～20 cm土层，W1处理的速效磷含量高于其余处理，达到了123.36 mg·kg⁻¹，W5处理的速效磷含量最低，为45.80 mg·kg⁻¹，速效磷含量最高的W1处理与最低的W5处理差值为77.56 mg·kg⁻¹；20～40 cm土层，除W1处理的速效磷含量较高，达到了40.74 mg·kg⁻¹外，其余处理的速效磷含量变化差异不明显；40～60 cm土层，各处理间速效磷含量变化为W1 > W3 > W2 > W5 > W4，最低的W4处理，其速效磷含量为11.66 mg·kg⁻¹。

果实成熟期，与果实膨大后期相同，0～20 cm土层，W1处理速效磷含量远远高于其余处理，达到了127.13 mg·kg⁻¹，最低为W5处理，其速效磷含量为41.17 mg·kg⁻¹；20～40 cm土层，各处理间速效磷含量变化趋势为W1 > W3 > W2 > W5 > W4，最高的W1处理与最低的W4处理之间速效磷含量相差了18.46 mg·kg⁻¹；40～60 cm，速效磷含量较高的是W5与W1处理，分别为19.80 mg·kg⁻¹、19.16 mg·kg⁻¹，W2处理的速效磷含量最低， 为 9.97 mg·kg^{-1}。

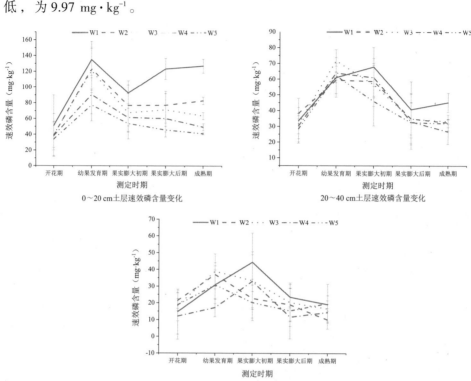

图2-4　不同灌水量对不同土层深度下库尔勒香梨园土壤速效磷含量的影响

　　试验表明，在库尔勒香梨树生长发育进程中，不同灌水量处理下库尔勒香梨园0～20 cm土层土壤硝态氮、铵态氮、碱解氮与速效磷含量发生变化，整体呈"增加-降低-增加"趋势。同一时期各处理间硝态氮、铵态氮、碱解氮与速效磷含量随着灌水量增加逐渐降低。库尔勒香梨园采取滴灌施肥方式，灌水量越大，地面越容易发生积水，致使库尔勒香梨园土壤表层养分含量较低，造成试验区土壤硝态氮与铵态氮含量分布不均，各处理之间差异较大。随着库尔勒香梨园土壤土层深度增加，硝态氮、铵态氮、碱解氮与速效磷含量随之降低；各处理土壤硝态氮、铵态氮、碱解氮与速效磷含量变化趋势大致为：0～20 cm > 20～40 cm > 40～60 cm；铵态氮、硝态氮含量在幼果发育期和果实膨大前期时，个别处理含量较高，造成20～40 cm含量高于0～20 cm。开花期与其他月份相比，硝态氮、铵态氮、碱解氮与速效磷含量较低，这可能与当时施肥方式及施肥量有关联，4月开花期施肥方式为穴施，由于当时施花前肥，施肥量较低，且肥料移动性较差，植株根系对于养分吸收有限引起；果实膨大后期和果实成熟期，果农通过向库尔勒香梨园增施部分有机肥，促进果实生长发育及果树品质，因此，这两个月0～20 cm处硝态氮、铵态氮、碱解氮与速效磷含量较高。在库尔勒香梨树全生育期中，0～20 cm处土壤碱解氮与速效磷含量分别保持在10.27～42.23 mg·kg^{-1}、34.01～134.92 mg·kg^{-1}，硝态氮与铵态氮含量分别保持在2.83～24.1 mg·kg^{-1}、2.75～10.83 mg·kg^{-1}；20～40 cm处土壤碱解氮与速效磷含量分别保持在4.43～20.53 mg·kg^{-1}、26.73～71.73 mg·kg^{-1}，硝态氮与铵态氮含量分别保持在1.17～12.33 mg·kg^{-1}、1.53～6.75 mg·kg^{-1}；40～60 cm处碱解氮与速效磷含量分别保持在0.47～8.63 mg·kg^{-1}、9.97～44.40 mg·kg^{-1}，硝态氮与铵态氮含量分别保持在0.83～9.67 mg·kg^{-1}、1.53～3.92 mg·kg^{-1}。这可能是由于灌水量不同，导致各个土层之间含水量有所差异，从而造成肥料迁移有所不同。

参考文献

［1］李萍，王雪梅，柴仲平，等.库尔勒香梨生育期长势与产量的监测［J］.北方园艺，2013（5）：4.

［2］位杰，蒋媛，林彩霞，等.6个库尔勒香梨品种果实矿质元素与品质的相关性和通径分析［J］.食品科学，2019，40（4）：7.

［3］祁世梅.库尔勒香梨区域品牌战略研究［D］.乌鲁木齐：新疆农业大学，2014.

［4］张峰，李世强，何子顺.库尔勒香梨产业发展现状与存在问题［J］.山西果树，2014（05）：40-42.

［5］张峰，蒋志琴，陈小光，等.库尔勒香梨产业发展因素分析及对策建议［J］.中国农学通报，2021，37（34）：6.

［6］Fageria N K，Baligar V C. Enhancing nitrogen use efficiency in crop plants［J］. Advances in Agronomy，2005（88）：97-185.

［7］韩宝银，贺红早.不同施肥水平对金刺梨生长的影响［J］.现代园艺，2017（19）：3.

［8］Diaz G，Carrillo C，Honrubia M . Mycorrhization，growth and nutrition of Pinus halepensis seedlings fertilized with different doses and sources of nitrogen［J］. Annals of Forest Science，2010，67（4）：405-405.

［9］陶鑫.氮肥施用量对武威市经济林木香梨幼苗生长的影响［J］.中国农业文摘：农业工程，2021，33（4）：4.

［10］丁阔，王雪梅，陈波浪，等.库尔勒香梨树体氮素吸收和积累特征［J］.西南农业学报，2016，29（4）：5.

［11］何雪菲，马泽跃，玉素甫江·玉素音，等.碳、氮含量及比值与库尔勒香梨产量的相关性［J］.果树学报，2021，38（5）：12.

［12］Cordell D，Drangert J O，White S. The story of phosphorus：global food security and food for thought［J］. Global Environmental Change，2009,19（2）：292-305.

［13］彭文莉.湖北省砂梨栽培品种评价研究［D］.北京：中国农业科学院，2012.

［14］丁邦新，刘雪艳，何雪菲，等.库尔勒香梨园测土配方推荐施肥研究［J］.果树学报，2019，36（8）：9.

［15］Delacerda R D，Almeida L C，Guerra H，et al. effects of soil water availability and organic matter content on fruit yield and seed oil content of castor bean

[J].Engenharia Agrícola，2020，40（6）：703-710.

[16] 杨婷婷，王庆惠，陈波浪，等.氮肥运筹对库尔勒香梨产量和品质的影响[J].北方园艺，2018（8）：6.

[17] 柴仲平，王雪梅，陈波浪，等.不同氮磷钾施肥配比对库尔勒香梨果实品质的影响[J].经济林研究，2013，31（3）：4.

[18] 刘洪波，张江辉，白云岗，等.滴灌条件下库尔勒香梨耗水特征分析[J].新疆农业科学，2014，51（12）：2206-2211.

[19] 吴小宾.施肥枪施肥对桃树氮素吸收分配及其生长特性的研究[D].泰安：山东农业大学，2011.

[20] 田艳.施氮对水稻田氮流失影响及水稻氮阈值研究[D].合肥：安徽农业大学，2017.

[21] 张铭.节水灌溉对梨树生长结果及叶片中相关基因表达的影响[D].合肥：安徽农业大学，2016.

[22] 刘小利，顾文毅，魏海斌，等."黄果梨"生长节律及拟合曲线回归分析[J].北方园艺，2020（18）：1-6.

[23] 何雪菲，马泽跃，张文太，等.施氮水平对"库尔勒香梨"[15]N-尿素的吸收、分配及利用的影响[J].果树学报，2020，37（9）：10.

[24] 杨威，李忠，李仪琳，等.磷肥对农作物产量和品质的影响研究综述[J].安徽农学通报，2015，21（20）：3.

[25] 柴仲平，王雪梅，陈波浪，等.不同施肥处理对库尔勒香梨长势与产量的影响[J].水土保持研究，2013，20（3）：4.

[26] 冯宇辉，李悦，丁想，等.不同施肥处理对库尔勒香梨果实产量和品质的影响[J].北方园艺，2021（13）：6.

[27] 何建斌，王振华，何新林，等.极端干旱区不同灌水量对滴灌葡萄生长及产量的影响[J].农学学报，2013，3（2）：65-69.

[28] 卓燕，郑强卿，窦中江，等.氮素营养代谢对果树生长发育的影响[J].新疆农垦科技，2009，32（06）：41-43.

第三章 肥料的基础知识

第一节 肥料的种类

肥料是指以提供植物养分为其主要功效的物料，其作用不仅是供给作物养分，提高产量和品质，还可以培肥地力，改良土壤，是农业生产的物质基础。目前对于肥料的分类还没有统一的方法，人们仅从不同的角度对肥料的种类加以区分，常见的方法有以下几种：

一、按化学成分

（一）有机肥料

有机肥料指含有机质，既能为农作物提供各种有机养分及无机养分，又能培肥土壤的一类肥料。如：粪尿肥、堆沤肥、厩肥、绿肥等。

（二）化学肥料

化学肥料简称化肥，是指标明养分呈无机盐形式的肥料，由提取、物理和（或）化学工业方法制成。如尿素、硫酸铵、磷酸铵、过磷酸钙、氯化钾、硫酸钾等。

二、按含有养分元素的种类

（一）单元肥料

单元肥料是氮、磷、钾三要素中，仅含有一种养分标明量的化学肥料的统称。如：尿素、硫酸铵、过磷酸钙、氯化钾等。

（二）复混肥料

复混肥料：氮、磷、钾三要素中，至少有两种养分标明量的由化学方法和（或）掺混方法制成的肥料，是复合肥料与混合肥料的总称。

复合肥料：氮、磷、钾三种元素中，至少有两种养分标明量的仅由化学方法制成的肥料。如：磷酸铵、硝酸钾、磷酸二氢钾等。

混合肥料：是将两种或三种氮、磷、钾单一肥料，或用符合肥料与氮、磷、钾单一肥料其中的一到两种，通过机械混合方法制取的肥料，它又分为粉状混合肥料、粒状混合肥料和掺合肥料。

三、按肥效长短

（一）速效肥料

速效肥料指养分易为作物吸收、利用、肥效快的肥料。如：硫酸铵、碳酸氢铵、硝酸钾等。

（二）缓效肥料

养分所呈的化合物或物理状态，能在一段时间内缓慢释放，供植物持续吸收利用的肥料，包括缓溶性肥料、缓释性肥料。

缓溶性肥料：通过化学合成的方法，降低肥料的溶解度，以达到长效的目的。如：尿甲醛、尿乙醛、聚磷酸盐等。

缓释性肥料：在水溶性颗粒肥料外面包上一层半透明或难溶性膜，使养分通过这一层膜缓慢释放出来，以达到长效的目的。如：硫衣尿素、包裹尿素等。

四、按肥料的物理状况

（一）固体肥料

固体肥料是呈固体状态的肥料。如：尿素、钙镁磷肥、过磷酸钙等。

（二）液体肥料

液体肥料是悬浮肥料、溶液肥料和液氨肥料的总称。如：液氨、氨水等。

（三）气体肥料

气体肥料是常温、常压下呈气体状态的肥料。如：二氧化碳。

五、按肥料的化学性质

（一）碱性肥料

化学性质呈碱性的肥料。如：碳酸氢铵、钙镁磷肥等。

（二）酸性肥料

化学性质呈酸性的肥料。如：过磷酸钙、硫酸铵、氯化铵等。

（三）中性肥料

化学性质呈中性或接近中性的肥料。如：硫酸钾、氯化钾、尿素等。

六、按反应性质

（一）生理碱性肥料

肥料本身为化学中性，但施入土壤经作物吸收利用后，残留部分导致局部土壤呈碱性的肥料。如：硝酸钠。

（二）生理酸性肥料

肥料本身为化学中性，但施入土壤经作物吸收利用后，残留部分导致局部土壤呈酸性的肥料。如：氯化铵、硫酸钾、硫酸铵。

（三）生理中性肥料

施入土壤经作物吸收利用后，既不会使土壤酸性增强也不会使土壤碱性增强的肥料。如：硝酸铵。

第二节　氮肥

一、氮肥的种类

氮肥品种很多，大致可分为铵态、硝态、酰胺态和长效氮肥四种类型。铵态氮肥包括：碳酸氢铵、硫酸铵、氯化铵、氨水、液氨等；硝态氮肥包括硝酸钠、硝酸钙、硝酸铵等；酰胺态氮肥主要指尿素，与其他氮肥不同，是一种化学合成的有机酰胺态氮肥，是固体氮肥中含氮量最高的肥料；长效氮肥主要有尿素甲醛、异丁叉二脲、丁烯叉二脲、硫黄包膜尿素、塑料包膜肥料。

二、氮肥的性质

（一）铵态氮肥的性质

①易溶于水，是速效养分。②铵态氮肥易被土壤胶体吸附，部分进入黏土矿物晶层。因此，铵态氮肥在土壤中移动性小，不易淋失，其肥效不如硝态氮肥快，但比硝态氮肥长。既可作追肥，也可作基肥施用。③在碱性环境中氨易挥发损失。铵态氮肥表施，尤其施在石灰性土壤上都会引起氨的挥发损失。④铵态氮肥易氧化变为硝酸盐。在通气良好时，氨或铵离子在土壤中还能进一步经硝化作用，最后产生硝态氮。⑤高浓度铵态氮肥对作物容易产生毒害。⑥作物吸收过量铵态氮肥对钙、镁、钾的吸收有一定抑制作用。

（二）硝态氮肥的性质

①易溶于水，在土壤中移动较快。②NO_3^-吸收为主动吸收，作物容易吸收硝酸盐，吸收过量时，对植株本身无毒害。③硝酸盐肥料对作物吸收钙、镁、钾等养分无抑制作用。④硝酸盐是带负电荷的阴离子，不能被土壤胶体所吸附。⑤硝酸盐容易通过反硝化作用还原成气体状态，从土壤中逸失。⑥硝态氮肥吸湿性大，易燃易爆。

（三）尿素的性质

尿素为白色结晶。粒状尿素吸湿性较低，贮藏性能良好。易溶于水，在20 ℃时，100 mL水能溶解100 g尿素。

三、库尔勒香梨氮肥施用时应注意的问题

（一）铵态氮肥在施用时应注意的问题

①深施覆土，防止氮素损失，如氨水的施用必须掌握"一不离土，二不离水"的原则，如此才能防止氨的挥发，提高肥效；②铵态氮肥不能与熟石灰或草木灰等碱性物质混合，以避免造成氨的挥发损失；③切勿一次大量施用铵态氮肥，以免引起蔬菜、果树等作物营养失调。

（二）硝态氮肥在施用时应注意的问题

①硝态氮肥深施是防止氮素损失，提高氮肥肥效的重要措施；②硝态氮肥作为旱田追肥较为理想，但因为硝态氮肥易随水下渗或流失，在旱田施用，特别是在沙土地施用时，灌水量不能过大，以免引起氮素损失；③硝态氮肥尽量不要施在水田，因为在淹水条件下，硝态氮不但随水流失，还会通过反硝化作用还原成气态氮，造成氮素的损失。

（三）尿素施用时应注意的问题

①因为尿素施入土壤后会转化形成不稳定的碳酸铵，所以尿素也要像铵态氮肥一样，深施覆土，减少氨的挥发；②由于尿素在土壤中要分解转化后才能被作物根系吸收利用，肥效相对较慢，因此要提前施用；③不能与碱性肥料混施，以免造成氨的挥发损失；④作根外追肥喷施时，溶液浓度不能过大，否则会毒害植物，甚至可能导致植物死亡。

氮素是库尔勒香梨树生育期内必需元素之一，也是库尔勒香梨树生长发育进程中不可或缺的物质基础，对库尔勒香梨树树体增长、加强体内物质代谢与生理生化过程、促进产量及果实品质等有着重要的作用，同时也是水果高产、稳产及品质优质的关键所在。研究显示，库尔勒香梨树在开花期与新梢生长期对于氮肥的需求量较大，32%～54%的氮素被运输到库尔勒香梨树生长点，用于新生部位的生长发育；Frak 等（2002）研究表明梨树新生部位对上一年树体储存的氮素高达50%；柴仲平（2013）等通过对库尔勒香梨的研究发现，适宜的施氮水平可促进梨树的生长发育，改善果形指数和提高产量，他建议氮肥施用量为280～330 kg·hm^{-2}时，可以使香梨产量达到27500～27800 kg·hm^{-2}，与不施氮处理比较，适宜的施氮量可提高与改善果实品质。冯焕德等（2008）研究发现，氮肥施用量在450 kg·hm^{-2}范围内可以显著提高叶片光合速率，促进其光合作用，有助于增加产量；氮肥施用量过多时，会使可溶性固形物含量下降，着色面积减少。陈磊等（2010）以丰水梨作为试验对象研究时发现，当磷钾肥施用量等条件一致时，每株果树氮肥纯养分施用量为400 g时效果最好，表现最佳。崔兴国等（2013）研究发现，当尿素施用量为650 kg·hm^{-2}时可提高鸭梨的果实品质，保证鸭梨的高产稳产，也不会使土壤中的氮素积累过多，从而造成氮肥的损失。

四、结果与分析

1.不同施氮量对库尔勒香梨园土壤碱解氮含量变化的影响

随着生育期推移，不同施氮量下各处理间0～20 cm、20～40 cm处碱解氮含量呈"增加-降低-增加"趋势，如图3-1所示。

开花期，随着施氮量增加，0～20 cm处碱解氮含量逐渐增加，其趋势为N5＞N4＞N3＞N2＞N1，最高的N5处理与最低的N1处理差值为4.9 mg·kg^{-1}；20～40 cm处碱解氮含量增加趋势与0～20 cm碱解氮增加趋势相同，均为N5处理最高，为7.00 mg·kg^{-1}，N1处理最低，为3.03 mg·kg^{-1}；40～60 cm处碱解氮含量，N2与N4处理含量相同，为1.87 mg·kg^{-1}，N3与N5处理含量相同，为1.17 mg·kg^{-1}。

幼果发育期，碱解氮含量普遍高于开花期。0～20 cm处，与其他处理相比，碱解氮含量最高的为N5处理，为40.60 mg·kg^{-1}，含量最低的为N1处理，为25.90 mg·kg^{-1}，两者之间差值为14.7 mg·kg^{-1}；20～40 cm处碱解氮含量趋势为N5＞N4＞N2＞N3＞N1；40～60 cm处，N2处理碱解氮含量远远低于其他处理，为2.10 mg·kg^{-1}。

果实膨大初期，0～20 cm处，N4与N5处理碱解氮含量相近，分别为30.80 mg·kg^{-1}、31.50 mg·kg^{-1}；20～40 cm处碱解氮含量表现为N5＞N1＞N4＞N2＞N3，N3处理远远低于其余处理，其含量为9.10 mg·kg^{-1}；40～60 cm处，N2与N4处理碱解氮含量较高，分别为14.00 mg·kg^{-1}、14.47 mg·kg^{-1}，N1与N3处理碱解氮含量较低，分别为2.10 mg·kg^{-1}、2.80 mg·kg^{-1}。

果实膨大后期，0～20 cm处碱解氮含量从大到小依次为N5、N4、N3、N2、N1；20～40 cm处，N2处理的碱解氮含量最低，为8.40 mg·kg^{-1}，N3处理的碱解氮含量最高，为11.90 mg·kg^{-1}；40～60 cm处碱解氮含量表现为N4＞N1＞N5＞N2＞N3。

果实成熟期，0～20 cm处碱解氮含量增加趋势与其他月份相同，均为N5处理最高，N1处理最低；20～40 cm，碱解氮含量变化趋势与0～20 cm处基本相似，其中，N1与N3处理碱解氮含量较低，分别为19.60 mg·kg^{-1}、21.00 mg·kg^{-1}；40～60 cm，N1处理碱解氮含量远远低于其余处理，为3.50 mg·kg^{-1}。

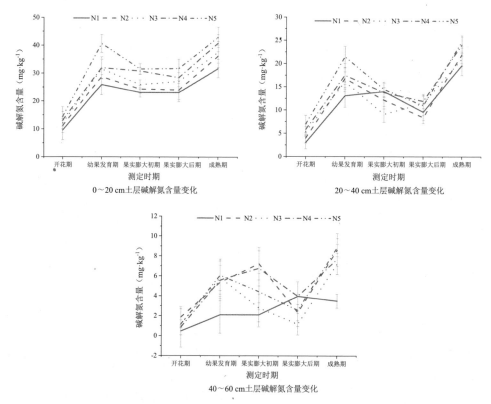

图3-1　不同施氮量对不同土层深度下库尔勒香梨园土壤碱解氮含量的影响

2.不同施氮量对库尔勒香梨园土壤硝态氮含量变化的影响

随着生育期推移，不同施氮量下各处理间不同土层下硝态氮含量均呈"增加-降低-增加"趋势，如图3-2所示。

开花期，随着施氮量增加，0～20 cm土层，硝态氮含量逐渐增加，N5处理的硝态氮含量显著高于N3、N2、N1处理，含量为3.67 mg·kg^{-1}，N1处理的硝态氮含量最低，为2.17 mg·kg^{-1}；20～40 cm土层，硝态氮含量变化趋势为N5 > N1 > N2 > N3=N4；40～60 cm土层，各处理间硝态氮含量差异不显著，N5处理下硝态氮含量较高，为1.50 mg·kg^{-1}。

幼果发育期，与开花期相比，各处理间硝态氮含量普遍较高。0～20 cm土层，各处理间硝态氮含量随着施肥量增加而增加，最高的N5处理与最低的N1处理差值为6.33 mg·kg^{-1}；20～40 cm土层，各处理间硝态氮含量变化规律为N5 > N4 > N2 > N3 > N1；40～60 cm土层，N1与N2处理显著低于其余处理，硝态氮含量分别为 6.67 mg·kg^{-1}、6.83 mg·kg^{-1}。

果实膨大初期，与幼果发育期相比，硝态氮含量有所降低。0～20 cm 土层，N5 处理硝态氮含量显著高于 N2、N1 处理，为 6.67 mg·kg^{-1}，N1 处理最低，硝态氮含量为 4.83 mg·kg^{-1}；20～40 cm 土层，N5 处理显著高于 N4 处理，N1、N2、N3 处理之间无明显差异；40～60 cm 土层，各处理间硝态氮含量变化趋势为：N3 > N5 > N2 > N4 > N1。

果实膨大后期，与果实膨大前期相比，各处理间硝态氮含量降低。0～20 cm 土层，各处理间硝态氮含量变化趋势为：N5 > N4 > N1=N3 > N2；20～40 cm 土层，各处理间硝态氮含量差异不显著；40～60 cm 土层，N2、N5 处理的硝态氮含量显著低于 N4 处理，分别为 3.33 mg·kg^{-1}、3.00 mg·kg^{-1}，N1 与 N3 处理的硝态氮含量相同，均为 4.50 mg·kg^{-1}。

果实成熟期，0～20 cm 土层，各处理间硝态氮含量变化由大到小依次为：N5 > N3 > N4 > N2 > N1，N1 处理显著低于 N3、N5 处理，硝态氮含量为 14.17 mg·kg^{-1}；20～40 cm 土层，各处理间硝态氮含量与 0～20 cm 土层处的变化规律基本一致；40～60 cm 土层，各处理之间硝态氮含量变化趋势为：N3 > N4 > N1 > N5 > N2。

3.不同施氮量对库尔勒香梨园土壤铵态氮含量变化的影响

随着生育期推移，不同施氮量下各处理间不同土层深度铵态氮含量均呈"增加-降低-增加"趋势，如图 3-3 所示。

开花期，0～20 cm 土层，各处理间铵态氮含量变化规律由大到小依次为：N5 > N2 > N4 > N3 > N1，N1 处理的铵态氮含量显著低于 N2、N5 处理，为 2.50 mg·kg^{-1}；20～40 cm 土层，N3、N4 处理的铵态氮含量较高，分别为 2.67 mg·kg^{-1}、2.58 mg·kg^{-1}，N1 与 N2 处理的铵态氮含量相同，均为 2.17 mg·kg^{-1}；40～60 cm 土层，与 20～40 cm 土层规律相似，N3、N4 处理的铵态氮含量较高，为 2.25 mg·kg^{-1}、2.17 mg·kg^{-1}。

幼果发育期，与4月花前肥相比，各处理间铵态氮含量增加。0～20 cm 土层，铵态氮含量最高的 N4 处理与最低的 N1 处理差值为 6.58 mg·kg^{-1}；20～40 cm 土层，各处理间铵态氮含量变价规律由大到小依次为 N3 > N4 > N5 > N2 > N1；40～60 cm 土层，各处理间铵态氮含量无明显差异。

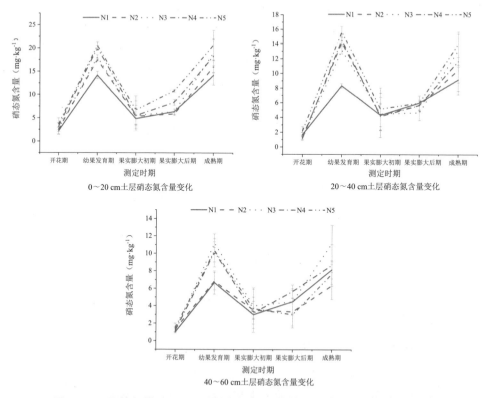

图3-2   不同施氮量对不同土层深度下库尔勒香梨园土壤硝态氮含量的影响

果实膨大初期，与幼果发育期相比，各处理间铵态氮含量普遍较低。0～20 cm土层，铵态氮含量最高的N4处理与最低的N1处理差值为4.42 mg·kg⁻¹；20～40 cm土层，各处理间铵态氮含量变化规律由大到小依次为：N5 > N3 > N4 > N2 > N1，N5处理的铵态氮含量显著高于其余处理，为5.08 mg·kg⁻¹，N1处理的铵态氮含量显著低于其余处理，为1.42 mg·kg⁻¹；40～60 cm土层，各处理间铵态氮含量变化差异不显著。

果实膨大后期，与果实膨大前期相比，各处理间铵态氮含量有所降低。0～20 cm土层，各处理间铵态氮含量变化趋势由大到小依次为：N5 > N4 > N3 > N2 > N1，N5与N4处理的铵态氮含量显著高于其余处理，分别为5.42 mg·kg⁻¹、4.58 mg·kg⁻¹；20～40 cm土层，N5、N4处理的铵态氮含量较高，分别为3.75 mg·kg⁻¹、3.58 mg·kg⁻¹；40～60 cm土层，各处理间铵态氮含量无明显差异。

果实成熟期，0～20 cm土层，各处理间铵态氮含量随着氮肥施用量增加呈增加趋势，变化规律由大到小依次为：N5 > N4 > N3 > N2 > N1，N5处理的铵态氮含量显著高于除N4处理外的其余处理，为10.75 mg·kg⁻¹，N1处理的铵态氮含量较低，为8.33 mg·kg⁻¹；20～40 cm土层，各处理间铵态氮含量无明显差异；40～60 cm土层，与20～40 cm土层相似，各处理间铵态氮含量无明显差异。

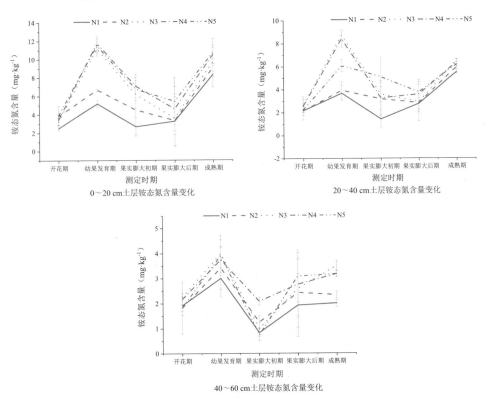

图3-3 不同施氮量对不同土层深度下库尔勒香梨园土壤铵态氮含量的影响

4.不同施氮量对库尔勒香梨树当年生长枝生长动态的影响

氮素在库尔勒香梨树萌芽期和枝条生长期起到重要作用。在树体发育过程中，需要大量氮素为树体各个组织提供生长发育物质基础。

由图3-4可知，不同氮肥施用量导致库尔勒香梨树枝条生长在一定程度上有所差异。从4月15日开始，各处理下枝条长度相差不大，随着时间推移，各氮肥处理下枝条生长出现差异；4月15日至4月25日枝条迅速增长，与其他处理相比，N4与N3处理枝条生长量较快，其次是N5处理，N1处理枝条生长量生长较为缓慢；4月25日至5月5日，各处理间枝条生长量仍呈现出上升的趋势，但与上一时期相比，生长势头有所下降；5月5日至5月15日，枝条生长趋势由快速增加变成缓慢生长，直至枝条停止生长。

对各处理4个时期枝条总生长量取平均值进行比较，分别为N4（49.32 cm）> N2（47.12 cm）> N3（45.82 cm）> N5（45.06 cm）> N1（40.78 cm）。从生长量上来看，N4和N2处理的枝条生长趋势高于其他水平，其中N1生长趋势最弱。

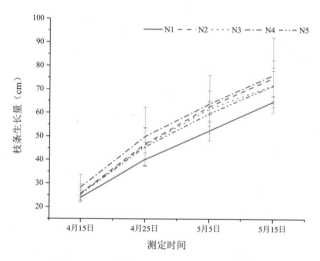

图3-4　不同施氮量对当年生枝条生长量的影响

5.不同施氮量对库尔勒香梨树叶片SPAD动态变化的影响

在氮肥施用量的差异下，叶片SPAD值会随着库尔勒香梨树生长发育呈现逐渐增加趋势（图3-5）。4月25日，N3处理的SPAD远远低于其他处理，N2处理的SPAD最高，为31.62；4月25日至5月26日，各处理间SPAD呈上升趋势，且上升幅度极大，这段时间叶片叶绿素含量较高；5月26日，N1处理的SPAD最低，为40.48，N3与N4处理的SPAD较高，分别为43.46、42.99；5月26日至7月24日，各处理SPAD缓慢增加，分析可能是由于果实生长需大量养分，分配给叶片的养分有所减少；7月24日，各处理间SPAD相差最大，最高值与最低值差距达到了3.83；7月24日至9月25日，各处理间SPAD增加缓慢，趋于平稳，直至不再增加；8月25日，N1处理的SPAD显著低于其他处理，为46.39。

综合分析，叶片SPAD随着施氮量增加呈增加趋势，N4与N3处理的SPAD较高，叶绿素含量较多。

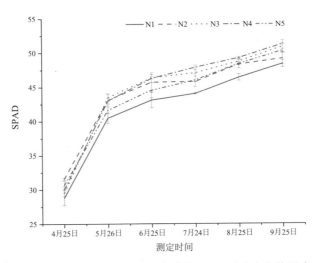

图3-5　不同施氮量对不同时期叶片SPAD动态变化的影响

6.不同施氮量对库尔勒香梨园植株叶片全氮的影响

由图3-6可知，当年枝条叶片与多年枝条叶片全氮含量均随着氮肥增加而下降。

6月，各处理间当年枝条叶片全氮含量呈"增加-降低"趋势，含量大小依次为N3、N4、N5、N2、N1，N3处理显著高于其余处理；对于多年枝条叶片，N3与N4处理叶片全氮含量较高，分别为1.266 g·kg^{-1}、1.166 g·kg^{-1}，N1处理全氮含量较低，为1.021 g·kg^{-1}。

7月，各处理间叶片全氮含量与6月全氮含量相比，均偏低，这是由于库尔勒香梨树由营养生长阶段进入了生殖生长阶段，叶片体内养分含量逐渐减少。对于当年枝条叶片，各处理间全氮含量差异较小，N3、N4处理全氮含量较高，分别为1.254 g·kg^{-1}、1.272 g·kg^{-1}；对于多年枝条叶片，各处理间全氮含量变化规律为N3 > N4 > N5 > N2 > N1，N3处理显著高于N5、N2、N1处理。

8月，各处理间当年枝条叶片全氮含量变化规律与7月当年枝条叶片全氮含量相似，均为N3 > N4 > N5 > N2 > N1，但与7月全氮含量相比，8月当年枝条叶片全氮含量整体偏低，两者之间全氮含量最低处理间差值为0.022 g·kg^{-1}；对于多年枝条叶片，各处理间全氮含量变化规律为N3 > N4 > N5 > N2 > N1，N3处理全氮含量较高，为1.240 g·kg^{-1}，N1处理全氮含量较低，为0.987 g·kg^{-1}。

9月，各处理间叶片全氮含量与8月全氮含量相比，偏高，这是由于此期间库尔勒香梨园增施了有机肥，土壤中各种养分充足，根系吸收养分在满足果实生长发育所需养分的同时，向植株及叶片等其他部位和器官运输了一部分养分。对于当年枝条叶片，各处理间全氮含量大小依次为N3＞N4＞N5＞N2＞N1，N3处理显著高于其余处理；对于多年枝条叶片，各处理间全氮含量变化趋势与当年生叶片全氮含量变化趋势相同，均为N3＞N4＞N2＞N5＞N1，且N3处理显著高于其余处理。

综合分析，叶片全氮含量随氮肥施用量增加及库尔勒香梨树生长发育进程推移不断下降，N3与N4处理叶片全氮含量较高。

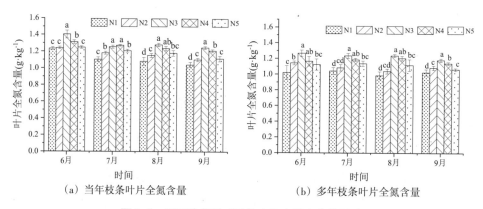

（a）当年枝条叶片全氮含量　　（b）多年枝条叶片全氮含量

图3-6　不同施氮量对叶片全氮含量变化的影响

7.不同施氮量对库尔勒香梨树果实横纵径生长动态的影响

不同氮肥施用量导致果实生长在一定程度上有所差异。由图3-7可知，在库尔勒香梨树全生育期内，各处理间果实横纵径比呈"增加-降低-增加"趋势。5月6日至7月16日，是果实横纵径快速增长阶段，果实横纵径比呈现持续递增趋势，横径生长速率大于纵径生长速率；7月1日，各处理间果实横纵径比差值达到最大，N3与N2处理差值为0.07；7月16日至7月24日，是果实横纵径缓慢增长阶段，果实横纵径比涨势有所减低，果实纵径增长速度大于横径增长速度，此时果形指数变化产生了拐点，达到生育期内果形指数峰值；7月24日至8月19日，果实横纵径比则呈现下降趋势，横径生长速率小于纵径生长速率；8月19日以后，是果实横纵径缓慢增长阶段，果实发生二次膨大，横径生长速率高于纵径生长速率，最后纵径停止生长，横径继续生长，使果形指数逐渐平稳。

根据非线性回归拟合曲线方程 $Y=A+B*X+C*X^2$ 算出，R^2 分别为 N3（0.6610）> N4（0.3798）> N1（0.3247）> N5（0.3135）> N2（0.2064），所以 N3 处理下果实生长趋势最接近拟合生长曲线，R^2 最接近 1，因此 N3 处理果实生长趋势最好。

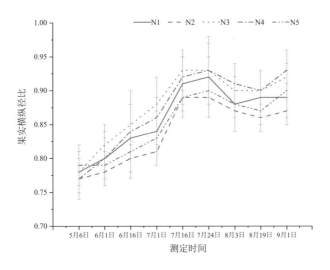

图3-7　不同施氮量处理下不同时期果实横纵径比的变化

8.不同施氮量对库尔勒香梨树单果重及产量影响

由图3-8可知，各处理的库尔勒香梨树单果重从大到小排序依次为：N4 > N3 > N5 > N2 > N1，N4 处理的单果重最高，为 137.36 g，其次为 N3 处理 136.19 g，紧接着是 N5 与 N2 处理，分别为 131.28 g、125.92 g，N1 处理单果重显著低于其余处理，其重量为 112.91 g。

各氮肥处理下，库尔勒香梨树产量从大到小排序依次为 N3 > N4 > N5 > N2 > N1，N3 与 N4 处理显著高于 N5、N2、N1，其产量分别为 32333.33 kg·hm⁻²、31500.00 kg·hm⁻²，N5 与 N2 处理显著高于 N1 处理，其产量分别为 23975.00 kg·hm⁻²、23525.00 kg·hm⁻²，N1 处理最低，其产量为 18641.67 kg·hm⁻²。

由此可见，适宜的氮肥施用量有助于库尔勒香梨单果重及产量的提高。综合分析，N3、N4 处理下，库尔勒香梨单果重及产量较好。

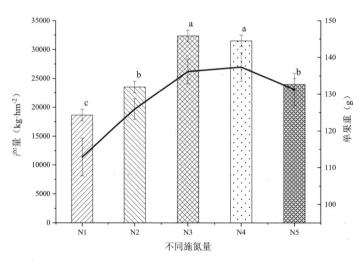

图3-8 不同施氮量对库尔勒香梨树单果重及产量的影响

由图3-9可知，达到一级果的施氮处理由大到小排序依次为：N3 > N2 > N4 > N1 > N5，达到一级果最多的是N3处理，显著高于其余处理，N5处理达到一级果最少，显著低于其余处理；达到二级果的处理由大到小依次为：N4 > N3 > N5 > N2 > N1，其中，N4处理显著高于N3、N5、N2、N1处理；达到三级果的处理由大到小依次为：N4 > N5 > N3 > N2 > N1，其中，N1处理三级果最少，显著低于其余处理。

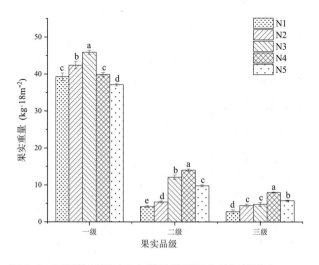

图3-9 不同施氮量对库尔勒香梨园果实品级的影响

9.不同施氮量对库尔勒香梨果实品质的影响

由表3-1可知，不同施氮量处理下，库尔勒香梨果实品质存在差异。

VC，各处理间含量差异显著，由大到小依次为：N3 > N4 > N5 > N2 > N1，N3 显著高于其余处理，含量为 11.109 mg·100 g^{-1}，N1 处理显著低于其余处理，含量为 9.196 mg·100 g^{-1}。

可溶性固形物含量，各处理间由大到小依次为：N3 > N4 > N5 > N2 > N1，N3 与 N4 处理显著高于 N5、N2、N1 处理，含量分别为 12.267、12.044，其次为 N5 与 N2 处理，含量为 11.422、11.378，N1 处理显著低于其余处理，含量为 10.944。

石细胞含量，各处理间由大到小依次为：N3 > N4 > N5 > N2 > N1，N3 与 N4 处理含量较高，分别为 3.485%、3.251%，N1 处理含量最低，为 2.531%。

可溶性糖，各处理间由大到小依次为：N3 > N4 > N5 > N2 > N1，N3 处理显著高于 N5、N2、N1 处理，含量为 20.486%，N5 处理显著高于 N2、N1 处理，含量为 18.203%，N1 与 N2 处理含量较低，分别为 14.435%、15.087%。

可滴定酸，与可溶性糖呈负相关，各处理间由大到小依次为：N1 > N2 > N5 > N4 > N3，N1 处理显著高于其余处理，含量为 1.143%，其次为 N2、N5、N4 处理，含量分别为 1.027%、0.974%、0.947%，N3 处理显著低于其余处理，含量为 0.849%。

综合分析，随着氮肥施用量的增加，各果实品质指标呈现出先增加后降低的趋势。其中，N3 与 N4 处理果实品质较好。

表3-1　不同施氮量对库尔勒香梨果实品质的影响

处理	VC含量 （mg·100 g^{-1}）	可溶性固形物含量	石细胞含量 （%）	可溶性糖 （%）	可滴定酸 （%）
N1	9.196±0.15e	10.944±0.32 c	2.531±0.46 c	14.435±2.01 c	1.143±0.09 a
N2	9.712±0.11d	11.378±0.39 b	2.807±0.26bc	15.087±1.05 c	1.027±0.04b
N3	11.109±0.06a	12.267±0.42 a	3.485±0.03 a	20.486±2.84 a	0.849±0.02 c
N4	10.309±0.13b	12.044±0.09 a	3.251±0.22 a	20.015±2.86 ab	0.947±0.02 b
N5	10.119±0.04c	11.422±0.50 b	3.107±0.07 ab	18.203±2.14 b	0.974±0.03 b

试验结果表明,在库尔勒香梨树生长发育进程中,库尔勒香梨园土壤硝态氮、铵态氮、碱解氮含量随着施氮量不同而产生差异。总体来看,随着氮肥施用量增加,0~20 cm 土层土壤硝态氮、铵态氮、碱解氮含量呈"增加-降低-增加"趋势。植物根系对于土壤养分吸收利用有着一定限制,不能将土壤中养分完全吸收利用,且高浓度氮素养分对植物根系具有抑制作用,因此,氮肥施用量越多,植物根系对土壤养分吸收、利用、运输、转化能力越低。试验采用滴灌,高氮肥处理中多余养分无法被植物吸收利用,导致土壤表层残留养分过多,造成测定土壤表层硝态氮、铵态氮、碱解氮含量偏高,导致20~40 cm 土层含量比表层高,40~60 cm 土层含量比20~40 cm 土层高。硝态氮与铵态氮含量会随着库尔勒香梨树生育期推移逐渐降低。随着土壤土层深度增加,硝态氮、铵态氮、碱解氮含量呈降低趋势,各处理间土壤硝态氮、铵态氮、碱解氮含量变化为:0~20 cm > 20~40 cm > 40~60 cm,与其他月份相比,4月开花期施肥方式为穴施,肥料所占比例相对较低,因此测定的硝态氮、铵态氮、碱解氮含量相对较低;8月果实膨大后期与9月成熟期,库尔勒香梨园在施肥的基础上增施有机肥,有机肥中含有少量氮素,因此测定的硝态氮、铵态氮、碱解氮含量比其他月份的含量要高。在库尔勒香梨树整个生育期中,土壤0~20 cm 土层碱解氮含量保持在 9.57~42.93 mg·kg^{-1},硝态氮与铵态氮含量分别保持在 2.17~20.67 mg·kg^{-1}、2.50~11.75 mg·kg^{-1};20~40 cm 处土层碱解氮含量保持在 3.03~24.73 mg·kg^{-1},硝态氮与铵态氮含量分别保持在 1.17~15.67 mg·kg^{-1}、1.42~8.75 mg·kg^{-1};40~60 cm 处土层碱解氮含量保持在 0.47~8.87 mg·kg^{-1},硝态氮与铵态氮含量分别保持在 1.00~11.17 mg·kg^{-1}、0.75~4.00 mg·kg^{-1}。

试验结果表明,在灌水量、气候条件等因素一致时,不同氮肥施用量处理下枝条生长量、叶片SPAD值、叶片养分、果实品质等有着显著差异。N3与N4处理的枝条生长量较快,叶片SPAD值较高,叶片全氮含量较高;库尔勒香梨果实品质测定中观察到,可溶性固形物含量、石细胞含量、可溶性糖、VC含量会随着氮肥增加呈"增加-降低"趋势,当果实品质达到最好时,氮肥施用量增加会导致果实品质呈现下降趋势。

第三节　磷肥

一、磷肥的种类

按照磷肥中所含磷酸盐溶解度不同，磷肥可分为3种类型：即难溶性磷肥、水溶性磷肥和弱酸溶性（或枸溶性）磷肥。难溶性磷肥有磷矿粉、鸟粪磷矿粉和骨粉等；水溶性磷肥有过磷酸钙、重过磷酸钙、氨化过磷酸钙等；枸溶性磷肥是指能溶于2%柠檬酸或中性柠檬酸铵溶液的磷肥，也称弱酸溶性磷肥，主要有钙镁磷肥、脱氟磷肥、钢渣磷肥、沉淀磷肥和偏磷酸钙等。

二、磷肥的性质

水溶性磷肥中的磷易被植物吸收利用，肥效快，是速效性磷肥。其适用于各种土壤、各种作物，但最好用于中性或石灰性土壤。其中磷铵为氮磷二元复合肥料，最适在旱地施用，且磷含量高，在施用时，除豆科作物外，大多数作物直接施用必须配施氮肥，调整氮磷比例，否则会造成浪费或氮磷比例失调导致减产。

枸溶性磷肥不溶于水，但在土壤中能被弱酸溶解，然后被作物吸收利用，而在石灰性碱性土壤中，可与土壤中的钙结合，向难溶性的磷酸盐方向转化，降低磷的有效性，因此适合酸性土壤中施用。

难溶性磷肥所含的磷酸盐只能溶于强酸，施入土壤后，主要靠土壤中的酸使他慢慢溶解，才能变成作物利用的形态，肥效很慢，但是后效很长，适用于酸性土壤中作基肥，也可与有机肥料堆腐或与化学酸性、生理酸性肥料配合施用，效果较好。

三、库尔勒香梨磷肥施用时应注意的问题

磷肥是所有化学肥料中利用率最低的肥料，当季作物一般只能利用10%～25%。其原因主要是磷在土壤中易被固定。同时它在土壤中的移动性又很小，而根与土壤接触的体积一般仅占耕层体积的4%～10%，因此，尽量减少磷的固定，防止磷的退化，增加磷与根系的接触面积，提高磷肥利用率，是合理利

用磷肥，充分发挥单位磷肥最大效益的关键。施用时注意以下几点：

①磷肥应优先分配于有效磷含量低的低产土壤上。②水旱轮种中，磷肥分配应掌握"旱重水轻"的原则，将磷肥重点施于旱作上。③磷肥施用应提倡以基肥为主，配施种肥，早施追肥，以达到为作物创造良好的磷营养环境和提高磷肥利用率的目的。④磷肥除需要与氮肥配合施用外，还要注意与钾肥和有机肥料的配合施用。⑤常年施用磷肥，难免会造成土壤中有害元素的积累，因此，在增施磷肥，保证作物产量的前提下，还应采用长期定位田间试验等方法加以检测，防患于未然。

适当适时地提供磷养分，可以有效地促进果树各种代谢的顺利进行，可在一定程度上决定作物扎根深浅程度、茎秆苗壮程度及植株体生长完全程度，从而有利于作物早熟，提高产量和品质。张春胜等（1992）在氮磷钾对莱阳茌梨产量与品质影响的试验中发现，与对照相比，施用磷肥后果实中可溶性固形物、总糖、糖酸比等指标较好，但酸度下降。谢海霞等（2005）还发现，施磷后，磷肥能促进果实含糖量，且随着施磷量增大，果实总酸性也随之降低，但过量施磷后，植株呼吸功能会加强，从而消耗大量糖，降低了果实含糖量。因此，适当的磷肥可以改善果实质量，而过量磷又会使果实质量下降。

磷是作物生长发育过程中必不可少的物质基础。磷不仅参与植物光合作用，还是植物中各种酶的组成成分。库尔勒香梨树生育期内合理施用磷肥，可以促进开花，提高结果率。果树对磷素吸收主要来自根系附近土壤，而在土壤中，可以直接利用的磷素却无法满足果树正常生长，因此在果树种植中，可适当适时施用磷肥，为土壤提供充足磷素养分。适宜磷肥施用量可以有效地促进植物各种代谢顺利进行，促进机体分解、合成、积累和运动，从而利于作物扎根、茎秆苗壮成长及植株体生长完全，有利于作物早熟，提高产量和品质。花期时施用磷肥可提高果树产量，改善果实品质与质量，利于肥料利用率的提高。果实膨大期时，根系从土壤中吸收大量氮、磷、钾等营养物质，以满足果实生殖生长阶段所需养分。

四、结果与分析

1.不同施磷量对库尔勒香梨园土壤速效磷含量的影响

随着生育期推移，不同灌水量下各处理间0～20 cm处速效磷含量呈"增加-降低-增加"趋势，20～40 cm、40～60 cm 土层速效磷含量呈"增加-降低-增加-降低"趋势，如图3-10所示。

开花期，0～20 cm 土层，速效磷含量随着磷肥施用量增加而增加，P5处理速效磷含量远远高于其余处理，为62.73 mg·kg⁻¹；20～40 cm 土层，速效磷含量变化趋势为：P4 > P2 > P5 > P3 > P1；40～60 cm 土层，P3处理速效磷含量较低，为11.40 mg·kg⁻¹，P4与P1处理速效磷含量较高，分别为24.50 mg·kg⁻¹、23.19 mg·kg⁻¹。

幼果发育期，0～20 cm 土层，速效磷含量表现为：P5 > P4 > P3 > P2 > P1，速效磷含量最高的P5处理与最低的P1处理差值为88.73 mg·kg⁻¹；20～40 cm 土层，速效磷含量呈"增加-降低"趋势，P4处理达到最高，速效磷含量为55.11 mg·kg⁻¹；40～60 cm 土层，P5与P2处理速效磷含量较低，分别为18.27 mg·kg⁻¹、18.15 mg·kg⁻¹。

果实膨大初期，0～20 cm 土层，与其他处理相比，P5处理速效磷含量最高，为65.61 mg·kg⁻¹，P1处理速效磷含量最低，为37.76 mg·kg⁻¹；20～40 cm 土层，各处理之间速效磷含量变化趋势不大，最高与最低的差值仅为4.46 mg·kg⁻¹；40～60 cm 土层，P4处理速效磷含量较低，为13.99 mg·kg⁻¹。

果实膨大后期，0～20 cm 土层，P4与P5处理速效磷含量较高，分别为84.27 mg·kg⁻¹、90.52 mg·kg⁻¹，P1处理速效磷含量最低，为57.11 mg·kg⁻¹；20～40 cm 土层，P1与P3处理速效磷含量相近，分别为34.80 mg·kg⁻¹、31.85 mg·kg⁻¹，P2与P4处理速效磷含量相近，分别为45.47 mg·kg⁻¹、44.76 mg·kg⁻¹；40～60 cm 土层，速效磷含量变化趋势为：P1 > P2 > P4 > P3 > P5。

果实成熟期，0～20 cm 土层，P5处理速效磷含量远远高于其他处理，为102.36 mg·kg⁻¹，速效磷含量最高的P5处理与最低的P1处理差值为50.74 mg·kg⁻¹；20～40 cm 土层，P2与P5处理速效磷含量较高，分别为37.16 mg·kg⁻¹、36.36 mg·kg⁻¹，P4与P1处理含量较低，分别为29.75 mg·kg⁻¹、31.31 mg·kg⁻¹；40～60 cm 土层，各处理间速效磷含量变化差异不大。

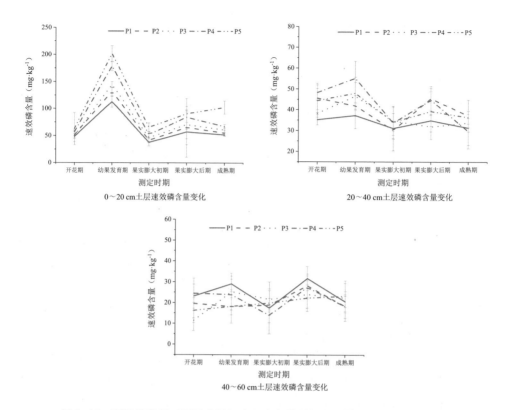

图3-10 不同施磷量对不同土层深度下库尔勒香梨园土壤速效磷含量的影响

2.不同施磷量对库尔勒香梨树当年生长枝生长动态的影响

由图3-11可知，4月15日，P2处理枝条生长量最低，为19.91 cm，P4处理枝条生长量最高，为24.33 cm；4月15日至4月25日，各处理间枝条生长量呈现快速上升趋势，这期间树体处于营养生长阶段，分配给枝条营养较多，促进枝条快速生长，增长最快的是P3处理，其枝条增长长度为26.78 cm；4月25日，P3与P4处理枝条生长量较好，分别为48.44 cm、47.75 cm，P2与P1处理枝条生长量较低，分别为42.83 cm、42.39 cm；4月25日至5月15日，各处理间枝条生长量缓慢增加，最后趋于平稳。

对各处理4个时期的枝条总生长量取平均值进行比较，P3（40.40 cm）＞P4（37.75 cm）＞P5（34.62 cm）＞P2（32.87 cm）＞P1（30.55 cm），其中P3处理枝条生长量最大，其次是P4处理，P1处理枝条生长总量最小，生长趋势最弱。

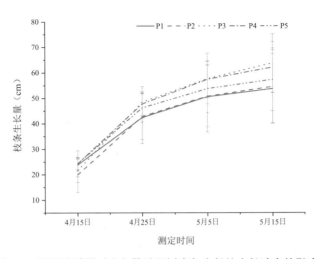

图3-11　不同施磷量对库尔勒香梨树当年生长枝生长动态的影响

3.不同施磷量处理下库尔勒香梨树叶片SPAD动态变化

在磷肥施用量差异下，各处理间SPAD也会有所差异。由图3-12可知，4月25日，各处理SPAD差异不明显，最高的P4处理与最低的P5处理相差仅为1.50；4月25日至5月26日，库尔勒香梨树处于营养生长阶段，各处理间SPAD呈现出快速上升的趋势，其中P3处理上升最为迅速，由33.75上升至45.19；5月26日，P1与P5处理SPAD较低，分别为43.05、43.36；5月26日至6月25日，树体由营养生长阶段进入生殖生长阶段，SPAD上升程度较低，P2处理SPAD出现负增长；6月25日至8月25日，各处理间SPAD上升趋势有所增加，由44.13~46.45上升至46.18~49.39；8月25日，各处理间SPAD差异较为明显，P4处理SPAD最高，为52.55，P1处理SPAD最低，为48.05，两者相差4.5；8月25日至9月25日，各处理间SPAD基本趋势平稳。

综合分析，随着磷肥施用量增加与库尔勒香梨树生长发育进程推移，SPAD呈"增加-降低"趋势，P3与P4处理的SPAD较好，叶片叶绿素含量较多。

4.不同施磷量对库尔勒香梨园植株叶片全磷的影响

在库尔勒香梨树生长发育过程中，植株各个器官及部位对养分吸收利用有着相互竞争关系。由图3-13可知，与多年枝条叶片相比，当年枝条叶片占据较大优势，全磷含量较高；当年枝条叶片与多年枝条叶片全磷含量随着磷肥施用量增加呈先降低后增加趋势。

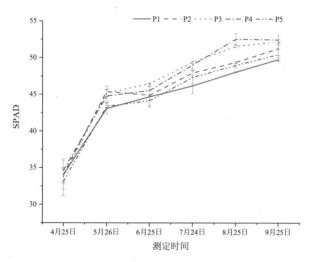

图3-12 不同施磷量处理下库尔勒香梨树叶片SPAD动态变化

6月，各处理间当年枝条叶片全磷含量表现为：P1处理显著低于其余处理，其全磷含量为0.499 g·kg⁻¹，P4处理最高，全磷含量为0.674 g·kg⁻¹；对于多年枝条叶片，P3与P4处理的全磷含量较高，分别为0.612 g·kg⁻¹、0.600 g·kg⁻¹，P1与P2处理的全磷含量较低，分别为0.462 g·kg⁻¹、0.475 g·kg⁻¹。

7月，与6月全磷含量相比，各处理间全磷含量较低，这是因为库尔勒香梨树处于生殖生长旺盛阶段，叶片体内残留养分含量较低。对于当年枝条叶片，各处理间全磷含量变换规律为：P3 > P4 > P1 > P5 > P2，最高的P3处理全磷含量为1.723 g·kg⁻¹，最低的P2处理全磷含量为0.541 g·kg⁻¹；对于多年枝条叶片，P3处理显著高于其余处理，全磷含量为0.470 g·kg⁻¹，P1、P2、P4、P5处理的全磷含量接近。

8月，与7月全磷含量相比，各处理间全磷含量有所增加，这是因为此期间库尔勒香梨园增施有机肥，土壤养分含量增多，进而造成叶片全磷含量增加。对于当年枝条叶片，P1处理显著低于其余处理，全磷含量为0.632 g·kg⁻¹；对于多年枝条叶片，各处理间全磷含量大小依次为：P3 > P4 > P5 > P2 > P1，其中，P3处理显著高于P2、P5、P1处理，P1处理显著低于P3、P4处理。

9月，各处理间当年枝条叶片全磷含量表现为：P1处理显著低于其余处理，全磷含量为0.670 g·kg⁻¹，其次为P2与P5处理，全磷含量分别为1.088 g·kg⁻¹、1.197 g·kg⁻¹，P4处理全磷含量最高，为1.506 g·kg⁻¹；对于多年枝条叶片，各处理间全磷含量变化为：P3 > P4 > P2 > P5 > P1，其中，P3处理显著高于其余处理，全磷含量为 0.729 g·kg^{-1}，P4 处理显著高于除 P3 以外的其余处理，全磷含量为 0.607 g·kg^{-1}，P1 处理显著低于其余处理，全磷含量为 0.487 g·kg^{-1}。

综合分析，根据不同磷肥施用处理下当年生叶片与多年生叶片全磷含量计算可得，全磷含量：当年枝条叶片 > 多年枝条叶片，且 P3、P4 处理的叶片全磷含量较高。

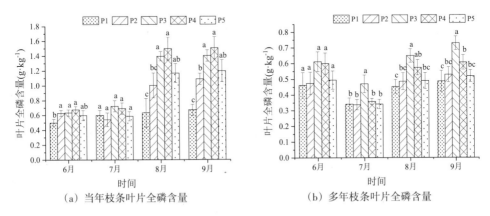

（a）当年枝条叶片全磷含量　　　　（b）多年枝条叶片全磷含量

图 3-13　不同施磷量对叶片全磷含量的影响

5.不同施磷量对库尔勒香梨树果实横纵径生长动态的影响

不同磷肥施用量导致果实生长在一定程度上有所差异。由图 3-14 可知，库尔勒香梨树全生育期内，各处理间果实横纵径比呈"增加-降低-增加"趋势。P1 处理的果实，从果实膨大初期一直到果实膨大后期，一直处于横径增长速度大于果实纵径增长速度，果实成熟前纵径增长速度大于横径增长速度，最后纵径停止生长，横径小幅度增长至果形指数趋于稳定，P1 处理的果实没有二次膨大现象。P2 处理的果实，先横径生长速度大于纵径生长速度，一直持续到 6 月中旬，随后纵径增长速度大于横径增长速度，果实在这个阶段也发生了二次膨大，果实继续重复这两个阶段，最后纵径停止增长，横径继续增长直到果形指数趋于稳定，而 P3 处理的果实在 6 月中旬到 7 月初时的果实横纵径增长速度相同。

5 月 6 日至 6 月 16 日，是果实横纵径快速增长阶段，各处理间果实横纵径比持续递增，横径增长速率大于纵径生长速率；6 月 16 日至 7 月 1 日，P2、P3、P4 处理果实横纵径比有所降低；7 月 1 日至 7 月 24 日，是果实快速增长阶段，果实横纵径比增加，果实在这个时期发生二次膨大，横径增长速率大于纵径生长速率；7月24日以后，是果实横纵径缓慢增长阶段，果实横纵径比有所降低，直至果形指数趋于稳定。

根据非线性回归拟合曲线方程$Y=A+B*X+C*X^2$算出，R^2分别为P3（0.4748）>P4（0.4359）>P1（0.3586）>P5（0.3441）>P2（0.3344），因此，P3与P4处理的果形指数生长趋势较好。

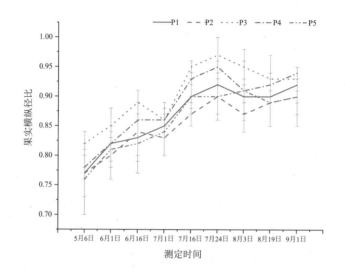

图3-14　不同施磷量对不同时期果实横纵径比的影响

6.不同施磷量对库尔勒香梨树单果重及产量的影响

由图3-15可知，达到一级果的施磷处理由大到小依次为：P4>P5>P3>P2>P1，P4处理显著高于其余处理，P1处理显著低于其余处理；达到二级果的施磷处理由大到小依次为：P3>P5>P4>P2>P1，P3处理显著高于P2与P1处理，除P1处理外，P2处理显著低于P3、P4、P5处理，P1处理显著低于其余处理；达到三级果的施磷处理由大到小依次为：P2>P5>P1>P4>P3，P2显著高于其余处理。

7.不同施磷量对库尔勒香梨树果实品质的影响

由表3-2可知，不同磷肥施用量之间，果实品质存在显著差异。

VC，各处理间由大到小依次为：P3>P4>P5>P2>P1，P3与P4处理的VC含量较高，分别为9.983 mg·100 g⁻¹、9.916 mg·100 g⁻¹，其次为P5与P2处理，含量分别为9.333 mg·100 g⁻¹、8.695 mg·100 g⁻¹，P1处理含量较低，为

8.247 mg·100 g^{-1}。

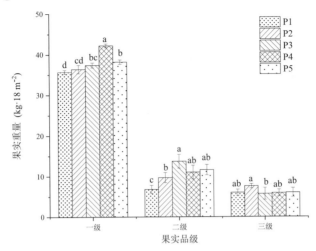

图3-15　不同施磷量对库尔勒香梨树果实品质的影响

可溶性固形物含量，各处理间由大到小依次为：P3 > P4 > P2 > P5 > P1，P3处理显著高于其余处理，含量为11.389，P5与P1处理显著低于P3、P4、P2处理，含量分别为10.589、10.367。

石细胞含量，各处理间由大到小依次为：P3 > P4 > P5 > P2 > P1，P3处理显著高于P5、P2、P1处理，含量为3.558%，P1处理显著低于P3、P4、P5处理，含量为2.723%。

可溶性糖，各处理间由大到小依次为：P3 > P4 > P5 > P2 > P1，P3处理的可溶性糖含量较高，为19.362%，其次为P4与P5处理，含量分别为16.935%、15.957%，P2与P1处理含量较低，为13.275%、12.007%。

可滴定酸，各处理间由大到小依次为：P1 > P2 > P5 > P4 > P3，P1与P2处理显著高于其余处理，含量分别为1.233%、1.188%，P3与P4显著低于其余处理，含量分别为0.884%、0.92%。

综合分析，随着磷肥施用量的增加，各果实品质指标呈现出先增加后降低的趋势，P3与P4处理的果实品质较好。

试验结果表明，在库尔勒香梨树全生育期内，库尔勒香梨园土壤表层速效磷含量随着磷肥施用量不同而产生显著差异。整体来看，当磷肥施用量不断增加时，0～20 cm土层土壤速效磷含量呈"增加-降低-增加"趋势，此趋势与碱解氮变化趋势相同，各处理间速效磷含量变化为：0～20 cm > 20～40 cm > 40～

60 cm。测定库尔勒香梨园全生育期内土壤样品速效磷含量时得出：0～20 cm处土层速效磷含量维持在37.76～201.38 mg·kg⁻¹，20～40 cm处土层速效磷含量维持在29.72～55.11 mg·kg⁻¹，40～60 cm处土层速效磷含量维持在11.40～31.70 mg·kg⁻¹。本试验施肥方式为滴灌随水施肥，磷素施入土壤中后，由于其移动性较差，库尔勒香梨树对于磷肥吸收利用率较低，导致土壤表层磷素残留量较多，同时库尔勒香梨树根系长期处于高浓度养分环境中，抑制了根系对土壤养分吸收利用，造成测定结果偏高。

表3-2　不同施磷量对库尔勒香梨树果实品质的影响

处理	VC含量 （mg·100 g⁻¹）	可溶性固形物含量	石细胞含量 （%）	可溶性糖 （%）	可滴定酸 （%）
P1	8.247±0.04 d	10.367±0.28 c	2.723±0.32 d	12.007±3.01 c	1.233±0.05 a
P2	8.695±0.08 c	10.878±0.35 b	2.93±0.34 cd	13.275±2.47 c	1.188±0.06 a
P3	9.983±0.06 a	11.389±0.32 a	3.558±0.32 a	19.362±1.11 a	0.884±0.06 c
P4	9.916±0.12 a	11.022±0.21 b	3.397±0.07 ab	16.935±1.51 b	0.92±0.09 c
P5	9.333±0.06 b	10.589±0.30 c	3.117±0.19 bc	15.957±1.25 b	1.081±0.02 b

试验结果表明，在灌水量、氮肥施用量、气候条件等因素相同情况下，随着磷肥施用量增加，各处理间枝条生长量、叶片SPAD、叶片全磷含量、果实品质存在显著差异。可溶性固形物含量、石细胞含量、可溶性糖、VC含量随着磷肥增加呈持续增加趋势，当磷肥施用量超过适宜磷肥用量时，其含量会随之下降。从枝条生长量、叶片SPAD及叶片全磷含量来看，P3与P4处理的各项指标所表现出来的结果较好。

第四节　钾肥

一、钾肥的种类

钾肥的品种较少，常用的只有氯化钾和硫酸钾，其次是钾镁肥。草木灰中含有较多的钾，因此，常把草木灰当钾肥施用。另外，还将少量窖灰钾作为钾肥施用。

二、钾肥的性质

氯化钾主要是由光卤石、钾石盐和盐卤等加工而成，呈白色或淡黄色或紫红色结晶，易溶于水，有吸湿性，久贮后会结块，属化学中性、生理酸性肥料。

硫酸钾一般以明矾石或钾镁矾为主要原料，经煅烧加工而成，呈白色或淡黄色结晶，易溶于水，吸湿性小，久贮不易结块，也属化学中性、生理酸性肥料。

草木灰是植物燃烧后的残灰，含有如磷、钾、镁、铁及微量元素等。其中含钙、钾较多，磷次之。草木灰中的钾90%主要以碳酸钾形态存在，其次是硫酸钾和氯化钾，均为水溶性钾，有效性高，但易受雨水淋失，故应避免露天存放。由于草木灰中含有氧化钙和碳酸钾，故呈碱性反应，在酸性土壤上施用，不仅能供应钾，且能降低酸度，并可补充钙、镁等元素。

窑灰钾肥是水泥工业的副产品，含氧化钾12%，高的可达20%以上，还含有氧化钙及镁、硅、硫和多种微量元素。其呈灰褐色粉末，属强碱性肥料，吸湿性强，易结块，注意干燥贮存。

三、库尔勒香梨钾肥施用时应注意的问题

氯化钾、硫酸钾作基肥时，在中性和酸性土壤上宜与有机肥、磷矿粉等配合或混合施用，这样不仅能防止土壤酸化，而且还能促进磷矿粉中磷的有效化；在酸性较强的土壤上施用时，还应该注意与石灰肥料的配合施用，以利于作物的生长。

氯化钾中含有氯离子，对忌氯作物的产量和品质均有不良影响，而且用量越多，产生的副作用越大。

草木灰是碱性肥料，因此不能与铵态氮肥、腐熟的有机肥料混合施用，防止造成氨的挥发。

盐碱土地区生长的植物燃烧成灰后，由于其含有大量氯化钠、硫酸钠等可溶性盐，不宜再施于盐碱土壤上，以免增加土壤中的盐分含量，对作物生长不利。

草木灰易集中沟施或穴施，施用前拌少量湿土或浇洒少许水分湿润后再用，以免飞扬失散。

窖灰钾肥不能与铵态氮肥、水溶性磷肥或腐熟的有机肥料混合施用，否则会引起养分退化或损失。

第五节　微量元素肥料

微量元素肥料指作物正常生长发育所必需的那些微量元素，通过工业加工过程制成的，在农业生产中作为肥料施用的化工产品，简称微肥。随着大量元素肥料施用量增加，作物产量大幅提高，加之有机肥投入比重下降，土壤缺乏微量元素状况随之加剧，但不同土壤质地、不同作物对微量元素的需求存在差异，应根据土壤微量元素有效含量确定丰缺情况，做到缺素补素。

一、锌肥

锌肥按其溶解性分为水溶性锌肥与难溶性锌肥两类。锌肥的肥效与土壤含锌量关系密切。由于磷、锌离子间的对抗作用，易诱发缺锌。

植物缺锌，生长受到抑制尤其是节间生长严重受阻，并表现出叶片的脉间失绿或白化，果树缺锌时表现为叶片狭小，丛生呈簇状，芽苞形成减少，树皮显得粗糙易碎。其典型症状是果树"小叶病""繁叶病"。

锌肥可用作底肥、追肥、种肥及根外追肥。难溶性锌肥宜作底肥施用，水溶性锌肥作种肥、追肥效果好。

二、硼肥

常用的硼肥有以下4种：一是硼砂，含硼11%，易溶于40℃的热水；二是硼酸，含硼17%，易溶于水，呈弱酸性；三是硼泥，含硼量很低，为0.5%～2.0%，呈碱性，是硼砂、硼酸工业的废渣，部分溶于水；四是含硼玻璃肥料，难溶于水，含硼2%～6%。

植物缺硼的主要症状是茎尖生长点受抑制，严重时枯萎，甚至死亡。老叶叶片变厚、变脆、畸形，枝条节间短，出现木栓化现象。根的生长发育明显受阻，根短粗兼有褐色。生殖器官发育受阻，结实率低，果实小、畸形，会导致种子和果实减产，严重时可能绝收。对硼敏感的作物常会出现许多典型的症状，如"腐心病""花而不实""蕾而不花""缩果病"等。缺硼不仅影响产量，而且明显影响品质。

三、锰肥

常用的锰肥有硫酸锰、氯化锰、碳酸锰、氧化锰、含锰的玻璃肥料及含锰的工业废渣等。

植物缺锰时，一般幼小到中等叶龄的叶片最易出现症状，在单子叶植物中锰的移动性高于双子叶植物，所以禾谷类作物缺锰症状常出现在老叶上。缺锰叶片失绿并出现杂色斑点，而叶脉保持绿色。果树缺锰时一般是叶脉间失绿黄化。

四、钼肥

钼肥品种包括钼酸铵、三氧化钼、含钼过磷酸钙等。

缺钼的共同特征是植株矮小、生长缓慢、叶片失绿，且有大小不一的黄色或橙黄色斑点，严重缺钼时叶片萎蔫，有时叶片扭曲成杯状，老叶变厚或焦枯，以至死亡。十字花科的花椰菜缺钼时，最典型的症状是叶片明显缩小，呈不规则状的畸形叶，或形成鞭尾状叶，通常称为"鞭尾病"或"鞭尾现象"。

五、铁肥

铁肥包括硫酸亚铁、硫酸亚铁铵及螯合态铁等。

一般情况下，禾本科和其他一些农作物很少见到缺铁现象，而果树缺铁较为普遍。植物缺铁总是从幼叶开始，典型症状是在叶片的叶脉间和细胞网状组织中出现失绿现象，在叶片上往往明显可见叶脉深绿而脉间黄化，黄绿相间相当明显，严重缺铁时叶片上出现坏死斑点，叶片逐渐枯死。铁在植物体内移动性小，植物缺铁常在幼叶上表现出失绿症。

六、铜肥

用作铜肥的肥料有硫酸铜、碱式硫酸铜、核酸矿渣等。

缺铜明显特征是花的颜色发生褪色现象。禾谷类作物表现为植株丛生，顶端逐渐变白，症状从叶间开始，严重时不抽穗，或穗萎缩变形导致结实率降低或籽粒不饱满、不结实。果树顶梢叶片呈叶簇状，叶和果实褪色，严重时顶梢枯死，并向下发展。

1.研究现状和目的

氨基酸叶面肥作为叶面肥的一种，具有吸收率高、肥效快、针对性强等优点，生产上，氨基酸叶面肥已广泛应用于多种果树，用于改善和提高果实品质，但针对香梨生产的研究报道较少，因此，分析氨基酸叶面肥对香梨氨基酸含量及品质的影响，对氨基酸叶面肥在果树上的推广应用具有重要意义。氨基酸叶面肥含有作物所需要的氮素养分和微量元素，对于提高作物产量、改善作物品质效果显著。张峰等用氨基酸溶液喷施叶面，增加了香梨果实的单果质量、果形指数、可溶性固形物等；周瑞金等在"满天红"梨叶面喷施氨基酸液肥后，其果实可溶性固形物含量、平均单果质量和果实干物质含量均有所增加，总酸含量下降。目前，有关氨基酸叶面肥在库尔勒香梨上的应用还比较少，针对施用氨基酸叶面肥对香梨果实品质及氨基酸含量的研究鲜有报道。该试验以库尔勒香梨为材料，研究叶面喷施不同浓度的氨基酸叶面肥对香梨果实品质的影响，以期为科学施用氨基酸叶面肥提供参考依据。

2.材料与方法

试验于新疆生产建设兵团二师进行，供试树为长势一致的五年生库尔勒香梨树，砧木为杜梨，树形为主干结果形。各项常规栽培管理措施与当地一致。

试验分别于7月22日、8月20日喷施不同浓度的叶面肥，共设2个处理，每个处理3棵树，每处理3次重复，每个处理间隔5棵树。不同浓度的氨基酸叶面肥喷施处理设为T1、T2、T3，喷施浓度分别为1000、800、500倍液，叶面喷施等体积清水为对照（CK）。试验处理后3～4 d内未下雨，天气以晴朗或多云为主。于果实成熟期（9月12日）进行采样，带回实验室进行果实游离氨基酸及果实品质的测定。

天冬氨酸（Asp）、苏氨酸（The）、丝氨酸（Ser）、谷氨酸（Glu）、脯氨酸（Pro）、甘氨酸（Gly）、丙氨酸（Ala）、半胱氨酸（Cys）、缬氨酸（Val）、蛋氨酸（Met）、异亮氨酸（Ile）、亮氨酸（Leu）、酪氨酸（Tyr）、苯丙氨酸（Phe）、赖氨酸（Lys）、组氨酸（His）、精氨酸（Arg）等游离氨基酸含量利用全自动氨基酸分析仪测定。

可溶性固形物含量采用PAL-BX/ACID14糖酸度计测定；还原糖含量采用3,5-二硝基水杨酸法测定；蔗糖和果糖含量采用间苯二酚法测定；可溶性总糖含量采用蒽酮比色法测定；总淀粉含量采用酸水解法测定；纤维素含量采用酸水解－蒽酮比色法测定；维生素 C 含量采用 2，6－二氯靛酚滴定法测定；有机酸含量采用电位滴定法测定。

3.结果

由表 3-3 可知，3 个浓度叶面肥处理的香梨果实单果质量无显著性差异，T3 处理的单果质量最高，T2 其次，T1 最低；与 CK 相比，T2、T3 处理下，香梨果实单果质量分别显著增加了 6.74%、7.75%，T1 处理与 CK 之间无显著性差异。各氨基酸叶面肥处理的香梨果实单果质量、纵径、横径和果形指数与 CK 之间无显著性差异，其中 T3 处理下香梨果实纵径、横径、单果质量均最大。

表3-3　氨基酸叶面肥对果实外观品质的影响

处理	单果重(g)	纵径(cm)	横径(cm)	果形指数
CK	113.61±8.67 b	64.96±4.44 a	56.37±2.12 a	1.15±0.06 a
T1	118.65±11.76 ab	66.42±3.66 a	56.90±2.22 a	1.16±0.05 a
T2	121.27±12.29 a	65.86±5.39 a	56.94±3.39 a	1.15±0.05 a
T3	122.41±12.27 a	66.94±4.67 a	57.09±2.74 a	1.17±0.07 a

由表 3-4 可知，3 个浓度氨基酸叶面肥处理的香梨果实可溶性固形物、纤维素、维生素 C、总淀粉含量与 CK 无显著性差异；各处理果实中可溶性固形物和纤维素含量以 T3 处理最高，总淀粉、维生素 C 含量以 T1 处理最高。T1、T2、T3 处理的果实还原糖含量均显著高于 CK，分别比 CK 增加 7.19%、14.18%、11.57%。T3 处理下果实的蔗糖含量达到 24.37 mg·g^{-1}，比 CK 高 24.07%，两者差异显著；T1 和 T2 处理下果实蔗糖含量也有所上升，但差异未达到显著水平。氨基酸叶面肥处理的香梨果实果糖含量以 T3 处理最高，达到 19.78 mg·g^{-1}，与 CK 差异显著；T1 和 T2 处理的香梨果实果糖含量与 CK 无显著差异，其中 T1 处理比 CK 低 7.41%，T2 处理比 CK 高 10.58%。氨基酸叶面肥能降低香梨果实中有机酸含量，其中 T3 处理的有机酸含量最低，与 CK 相比降低 18.2%，两者差异显著；T1、T2 处理的有机酸含量与 CK 无显著性差异，但分别比 CK 低 3.64%、12.73%。可溶性总糖含量随着氨基酸叶面肥处理浓度的增加而呈上升的趋势，其中 T3 处理的可溶性总糖最高，比 CK 显著增加 39.62%。

表3-4 氨基酸叶面肥对果实内在品质的影响

处理	可溶性固形(%)	还原糖(mg·g⁻¹)	蔗糖(mg·g⁻¹)	果糖(mg·g⁻¹)	可溶性总糖(mg·g⁻¹)	总淀粉(mg·g⁻¹)	纤维素(mg·g⁻¹)	VC(μg·g⁻¹)	有机酸(%)
CK	12.03±0.56 a	23.76±0.63 b	17.78±1.08 b	16.06±0.53 b	42.73±1.65 c	10.90±0.09 a	9.87±0.04 a	299.83±12.58 a	0.55±0.04 a
T1	13.06±0.42 a	25.47±0.80 a	19.50±0.32 ab	14.87±0.16 b	50.37±1.39 b	13.38±0.56 a	9.53±0.65 a	305.45±8.15 a	0.53±0.01 ab
T2	13.20±0.98 a	27.13±0.85 a	21.32±5.27 b	17.76±1.60 ab	57.85±1.67 a	11.33±1.89 a	10.65±0.24 a	290.77±13.05 a	0.48±0.08 ab
T3	13.22±0.88 a	26.51±0.80 a	24.37±4.27 a	19.78±1.88 a	59.66±3.89 a	10.91±0.51 a	10.71±0.85 a	297.09±12.68 a	0.45±0.03 b

香梨果实中共检测到6种必需氨基酸,即缬氨酸、赖氨酸、异亮氨酸、亮氨酸、苯丙氨酸、苏氨酸。从必需氨基酸总量来看,喷施氨基酸叶面肥的香梨果实中必需氨基酸总量相比于CK显著增加,其中T3处理果实中必需氨基酸总量最高,为54.87 mg·100 g⁻¹,显著高于其他处理,其次依次为T2、T1、CK。T1、T2、T3处理后果实必需氨基酸总量均显著高于CK,与CK相比,分别提高了5.45%、22.42%、33.43%。T1和T2处理下缬氨酸含量均显著提高,较CK分别增加了20.97%、14.57%,T3处理与CK差异不显著。T3处理赖氨酸含量较CK显著提高64.72%,T2处理与CK差异不显著,T1处理显著低于CK。T2、T3处理的果实异亮氨酸含量均显著高于CK,T1处理与CK差异不显著。T3处理的亮氨酸含量显著高于CK,而T1、T2处理与CK差异不显著。T1、T2、T3处理苯丙氨酸含量均显著高于CK,分别提高了38.57%、61.42%、149.06%。各处理中,以T3处理的苏氨酸含量最高,达到10.62 mg·100 g⁻¹,显著高于其他处理(表3-5)。

表3-5　氨基酸叶面肥对果实中必需微量元素的影响

氨基酸组成	CK(mg·100 g⁻¹)	T1(mg·100 g⁻¹)	T2(mg·100 g⁻¹)	T3(mg·100 g⁻¹)
缬氨酸(Val)	12.49±0.40 c	15.11±0.11 a	14.31±0.12 b	12.33±0.14 c
赖氨酸(Lys)	6.52±0.18 b	5.41±0.16 c	6.41±0.23 b	10.74±0.10 a
异亮氨酸(Iie)	4.49±0.30 c	4.33±0.10 c	5.47±0.07 b	7.56±0.19 a
亮氨酸(Leu)	6.52±0.21 b	6.74±0.17 b	6.77±0.12 b	11.29±0.14 a
苯丙氨酸(Phe)	2.67±0.11 d	3.70±0.18 c	4.31±0.23 b	6.65±0.11 a
苏氨酸(The)	8.41±0.32 b	8.31±0.09 b	8.72±0.06 b	10.62±0.12 a
天冬氨酸(Asp)	128.49±1.95 b	123.74±2.18 b	166.26±1.51 a	125.45±1.60 b
丝氨酸(Ser)	10.44±0.29 c	13.29±0.14 b	10.31±0.19 c	15.45±0.28 a
谷氨酸(Glu)	12.41±0.16 b	13.68±0.16 b	12.59±0.31 b	26.34±0.17 a
脯氨酸(Pro)	7.37±0.24 b	7.39±0.11 b	4.64±0.36 c	13.34±0.27 a
甘氨酸(Gly)	7.41±0.15 b	10.60±0.32 a	6.43±0.11 b	10.74±0.15 a
丙氨酸(Ala)	12.46±0.36 c	16.37±0.17 a	11.37±0.27 c	14.74±0.14 b
胱氨酸(Cys)	—	2.42±0.10	—	—
酪氨酸(Tyr)	—	2.42±0.98 a	2.24±0.17 a	—
组氨酸(His)	1.32±0.08 b	—	1.03±0.02 b	3.19±0.07 a
精氨酸(Arg)	3.30±0.06 b	3.31±0.15 b	—	7.31±0.12 a
游离氨基酸总含量	224.33±2.36 d	235.48±1.51 c	278.24±3.08 a	271.09±2.27 b
必需氨基酸总含量	41.12±0.88 d	43.36±0.13 c	50.34±0.35 b	54.87±0.30 a

注："—"表示测定但未检出结果。

由表3-6可知，香梨果实的单果质量与异亮氨酸和亮氨酸含量呈显著正相关（$P<0.05$，下同），与苯丙氨酸含量呈极显著正相关（$P<0.01$，下同）；纵径与异亮氨酸和苏氨酸含量呈显著正相关，与苯丙氨酸含量呈极显著正相关；横径与苯丙氨酸含量呈显著正相关，与其他5种氨基酸呈正相关；果形指数与缬氨酸、异亮氨酸、亮氨酸、苯丙氨酸和苏氨酸含量呈正相关，与赖氨酸含量呈负相关。

表3-6　果实外观品质与游离的必需氨基酸含量间的相关性分析

指标	缬氨酸	赖氨酸	异亮氨酸	亮氨酸	苯丙氨酸	苏氨酸
单果重	0.536	0.238	0.823*	0.759*	0.918**	0.752
纵径	0.552	0.186	0.842*	0.773	0.897**	0.792*
横径	0.501	0.177	0.737	0.719	0.848*	0.682
果形指数	0.525	−0.112	0.666	0.739	0.690	0.682

*表示显著相关（$P<0.05$），**表示极显著相关（$P<0.01$）。（下同）。

由表3-7可知，香梨果实的可溶性固形物和总淀粉含量与异亮氨酸、亮氨酸和苏氨酸含量呈显著正相关，与苯丙氨酸含量呈极显著正相关；还原糖含量与异亮氨酸和苯丙氨酸含量呈显著正相关；蔗糖含量与异亮氨酸、亮氨酸、苯丙氨酸和苏氨酸含量呈极显著正相关；果糖含量与异亮氨酸、苯丙氨酸和苏氨酸含量呈极显著正相关，与亮氨酸含量呈显著正相关；可溶性总糖含量与异亮氨酸含量呈显著正相关，与苯丙氨酸含量呈极显著正相关；纤维素含量与缬氨酸和苯丙氨酸含量呈显著正相关；维生素C含量与苯丙氨酸含量呈显著正相关；有机酸含量与异亮氨酸和苏氨酸含量呈显著负相关，与亮氨酸和苯丙氨酸含量呈极显著负相关。

表3-7　果实内在品质与游离的必需氨基酸含量间的相关性分析

	缬氨酸	赖氨酸	异亮氨酸	亮氨酸	苯丙氨酸	苏氨酸
可溶性固形	0.552	0.143	0.844*	0.829*	0.915**	0.810*
还原糖	0.485	0.312	0.797*	0.695	0.884*	0.711
蔗糖	0.696	−0.069	0.908**	0.935**	0.943**	0.926**
果糖	0.611	0.106	0.936**	0.888*	0.966**	0.913**
可溶性总糖	0.518	0.306	0.831*	0.731	0.921**	0.752
总淀粉	0.559	0.138	0.870*	0.840*	0.942**	0.833*
纤维素	0.794*	−0.23	0.675	0.742	0.821*	0.690
维生素C	0.446	0.365	0.776	0.665	0.845*	0.684
有机酸	−0.640	0.021	−0.886*	−0.899**	−0.935**	−0.875*

该试验研究了在库尔勒香梨果实膨大期喷施不同浓度的氨基酸叶面肥对果实品质和游离氨基酸含量的影响，结果表明，喷施800、500倍浓度的氨基酸叶面肥均能提高果实中游离氨基酸及可溶性总糖含量，降低有机酸含量，改善了香梨果实品质。

第六节　有机肥料

有机肥料是指来源于植物或动物残体，能提供植物养分并兼有改善土壤理化和生物学性质的有机物料。

有机肥料的主要特点：富含有机质，可培肥改土；养分全面，含有多种养分；养分迟缓，肥效长久；体积庞大，施用费工费时；养分不能及时满足作物旺盛期的生长需要；如不及时处理，会污染环境。

有机肥料在农业生产中的作用主要表现在以下4个方面：提高土壤肥力；提供土壤养分；防止或减轻土壤侵蚀；减轻土壤污染。

有机肥的种类很多，小类有100多种，科学家根据各自的特点，将它们归为八类，主要为：粪尿肥、堆沤肥、泥炭和腐殖酸类肥料、泥土肥、饼肥、海肥、绿肥、杂肥。各种有机肥的成分、性质、肥效各不相同，但也有一定的共性。现就常用的几种做一介绍。

一、粪尿肥

粪尿肥主要包括人粪尿肥、家畜粪尿肥、厩肥等。

（一）人粪尿

人粪尿是我国农村中应用最早、最普遍、最重要的一种农家肥，不仅养分含量高，而且数量很大，提供的养分占农家肥总养分的13%～20%。人粪尿在有机肥料中具有养分含量高、氮多磷钾少、易腐熟、肥效快等特点。其含氮1.0%，含磷0.5%，含钾0.37%，含有机物质20%左右，其中主要有纤维素、半纤维素、蛋白质及分解产物等，含灰分5%左右，其中主要是硅酸盐、磷酸盐、氯化物及钙、镁、钾、钠等盐类，含水70%～80%。

人粪尿适用于多种土壤与作物，特别是对叶菜类作物和纤维类作物增产效果尤为显著。人粪尿可作基肥和追肥，作基肥用量一般为 $33.5 \sim 67 \, \text{kg} \cdot \text{hm}^{-2}$，因磷、钾含量较低，施用时应注意配合磷钾肥或其他有机肥。作追肥时，因含有无机盐较多，施用前必须加水稀释，尤其在幼苗期施用应增加稀释倍数。

人粪尿中含有病原菌和寄生虫卵，施用前应进行无害化处理，以免污染环境和产品。人粪尿中含有较多的氯离子，不适于盐碱地，以免降低产品品质。人粪尿不能与碱性肥料混施。人粪尿每次用量不宜过多，旱地应加水稀释，施后覆土，水田应结合耕田，浅水匀泼，以免挥发和流失。

（二）家畜粪尿

家畜粪尿是猪、牛、羊等的排泄物，含有丰富的有机质和植物所需的各种营养元素。家畜粪尿成分不同且非常复杂，主要有纤维素、半纤维素、木质素、蛋白质、氨基酸、脂肪类、有机酸、酶和各种无机盐类。尿的成分比较简单，都是水溶性物质，主要有尿素、尿酸、马尿酸以及钾、钠、钙、镁等无机盐类。

畜粪中含有机质较多，为 $15\% \sim 30\%$，其中氮、磷含量比钾高；畜尿中含氮、钾较多而缺磷，唯猪尿例外。就各种家畜粪尿肥分进行比较，羊粪中氮、磷、钾含量最高，猪、马次之，牛最差。以排泄量而论，牛最多，马次之，猪又次之，羊最少。

猪粪 C/N 比值较低，且含有大量的氨化细菌，比较容易腐熟。猪粪劲柔和后劲长，既长苗，又壮棵，可使作物籽粒饱满。猪粪适用于各种土壤和作物，尤以施于排水良好的土壤为主。

牛粪粪质细密，含水量较高，通气性差，因此牛粪分解腐熟缓慢，发酵温度低，故称冷性肥料。牛粪对改良含有机质少的轻质土壤，具有良好效果。

马粪中纤维含量高，疏松多孔，水分易于蒸发，含水量少，同时粪中含有高温纤维分解细菌，能促进纤维素的分解，因此腐熟较快，在堆积过程中，发热量大，所以称马粪为热性肥料。马粪对改良质地黏重的土壤，有显著效果。

羊粪粪质细密干燥，肥分浓厚，羊粪比马粪发热量低，但比牛粪发热量高，发酵速度也快，因此也称热性肥料。羊粪对各种土壤均可施用。

家畜尿含有多量的马尿酸，而尿素含量则比人尿少。同一条件下，马尿、羊尿含尿素较多，腐解较快，稍经腐熟，就可直接施用。猪尿中的尿素含量虽不及马尿、羊尿，但其他形态的含氮化合物加多，也易分解。据试验，猪尿比牛尿容易分解，所以猪尿的肥效也较迅速。家畜尿一般呈碱性反应，这和人尿不同。

（三）厩肥

厩肥是家畜粪尿和各种垫圈材料、饲料残渣混合堆积并经微生物作用而成的肥料，富含有机质和各种营养元素，其成分因家畜种类、饲料种类、垫料的种类和数量而不同。各种畜粪中，以羊粪的氮、磷、钾含量最高，猪、马粪次之，牛粪最低。新鲜厩肥中的养分呈有机态，含有较多的纤维素、半纤维素，碳氮比高，直接施用会与作物争氮，应经堆置腐熟后才可施用。

厩肥必须经过腐熟后才可施用，腐熟的厩肥或家畜肥可以作基肥，也可以作种肥，厩肥做基肥一般为 $268\sim335\ kg\cdot hm^{-2}$，撒施或集中施用均可，应与化肥配合一起施用。另外，应根据土壤和作物选择厩肥的腐熟度，质地黏重的土壤种植蔬菜作物时，应选择腐熟度高的厩肥；质地轻的沙质土壤，可选用腐熟度低的厩肥；生育期较长的作物，可选用腐熟度低的厩肥；生育期短的作物，应选用腐熟度高较高的厩肥。

二、堆沤肥

堆沤肥主要包括堆肥、沤肥、沼气池肥、秸秆还田等。

（一）堆肥

把城乡生活中的有机物、垃圾、落叶、秸秆、杂草堆积起来，再加些含氮较多的材料（如人粪尿等），经过腐熟过程，就称为堆肥。

堆肥是一种含有有机质和各种营养物质的完全肥料，长期施用能够起到培肥改土的作用。堆肥施用于各种土壤和作物，一般用作基肥，可以结合翻地时施用，与土壤充分混匀，做到土肥融合。堆肥的用量一般为 $100\sim168\ kg\cdot hm^{-2}$。不同土壤施用堆肥的方法不同，生育期长的作物、沙性土壤以及温暖多雨的季节和地区施用腐熟度低的堆肥；生育期短、黏性重的土壤、雨少的季节和地区，应施用充分腐熟的堆肥。施用堆肥时还应配合施用化肥。

（二）沤肥

沤肥是以作物秸秆、绿肥、青草为主要原料，掺入河泥、人畜粪尿进行沤制、腐熟而成的肥料。沤制的材料与堆肥差异不大，与堆肥不同的是在淹水条件下，由微生物进行厌气分解，所以堆置场地、技术条件、分解和腐熟过程有所不同。沤肥的养分含量因材料种类和配比不同，变幅很大，用绿肥沤制的比草皮沤制的养分含量高。

沤肥一般用作基肥，大多用于水田作基肥，用量为 $168 \sim 268\ kg \cdot hm^{-2}$，也可同速效肥料混合，作追肥施用。

三、绿肥

栽培或野生的绿色植物体作肥料用的均称作绿肥。主要的绿肥种类有紫云英、苕子、紫花苜蓿、草木樨等。

绿肥的作用主要体现在两个方面：

①绿肥是解决肥源的重要途径。②绿肥是培肥土壤、改良生态环境的有效肥料。绿肥能够增加耕层土壤养分，能够改良土壤性状、改良低产田，能够覆盖地面，防止水土流失，改善生态环境，还能够绿化环境、净化空气、净化污水等。

绿肥的施用方式主要有三种：

1. 直接翻耕

直接翻耕以作基肥为主，翻耕前最好将绿肥切短，稍加暴晒，然后翻耕，一般入土 $10 \sim 20\ cm$，沙质土壤可深些，黏质土壤可浅些。

2. 堆沤

把绿肥作为堆沤肥原料，堆沤可增加绿肥分解，提高肥效。

3. 作饲料

先作饲料，然后利用畜禽粪便作肥料，这种绿肥过腹还田的方式，是提高绿肥经济效益的有效途径。绿肥还可用于青饲料或制成干草或干草粉。

绿肥肥效长，但单一施用的情况下，往往不能及时满足作物全生育期对养分的需求。绿肥所提供的养分虽然比较全面，但要满足作物的全部需求也是不够的，并且大多数绿肥作物提供的养分以氮为主，因此，绿肥与化肥配合施用是必要的。

参考文献

[1] 中国植物志编委会.中国植物志 [M].北京：科学出版社，1974，354-387.

[2] 李秀根，张绍铃.世界梨产业现状与发展趋势分析 [J].烟台果树，2007（01）：1-3.

[3] 李经洽.配方施肥对库尔勒香梨果实品质及抗寒性的影响 [D].乌鲁木齐：新疆农业大学，2015.

[4] 许方.梨树生物学 [M].北京：科学出版社，1992，1（10）：26-34.

[5] Wu J，Guo K Q. Dynamic viscoelastic behaviour and microstructural changes of Korla pear（Pyrus bretschneideri rehd）under varying turgor levels [J]. Biosystems Engineering，2010，106（4）：485-492.

[6] 李楠，廖康，孙琪，等.有机肥对库尔勒香梨生长发育及产量品质的影响 [J].新疆农业科学，2013，50（10）：1820-1826.

[7] 柴仲平，王雪梅，陈波浪，等.不同有机物料对库尔勒香梨果实矿质元素含量的影响 [J].水土保持研究，2013，20（04）：82-85.

[8] 何香.不同施肥处理对库尔勒香梨树体营养积累与抗寒性的影响 [D].乌鲁木齐：新疆农业大学，2012.

[9] 巴特尔·巴克，克热木·伊力，匡玉疆，等.库尔勒香梨历年冬季低温评价及严重冻害成因分析 [J].新疆农业大学学报，2008，31（06）：17-20.

[10] 王立飞.水肥耦合方式对土壤营养及梨树生长发育的影响 [D].保定：河北农业大学，2015.

[11] 周丽萍，戚瑞生.不合理施肥对土壤性质的影响及其防治措施探讨 [J].甘肃农业科技，2017（1）：74-78.

[12] 王宇霖.从世界苹果、梨生产及发展趋势与国际贸易看我国苹果、梨产业存在的问题 [J].果树学报，2001（03）：127-132.

[13] 亚合甫·木沙，张晓东，热洋古丽·木沙.库尔勒香梨生产现状分析与对策 [J].农业与技术，2012，32（05）：56+70.

[14] Ashraf N.Micro-Irrigation and Fertigation in Fruit Trees [J].Environment and Ecology，2012，30（4）：1252-1257.

[15] Yin X H，Seavert C，Bai J H.Split fertigation of nitrogen and phosphorus fertilizers on pears [J].hort-science，2007，42（2）：1000.

[16] 马丽.豫东不同树龄梨园土壤微生物生态特征 [J].河南农业科学，2018，47（01）：37-42.

［17］Gray D M，Swanson J，Dighton J.The influence of contrasting ground cover vegetation on soil properties in the N J pine barrens［J］.Soil Ecology，2012，60：41-18.

［18］刘瑞显.花铃期干旱条件下氮素影响棉花产量与品质形成的生理生态基础研究［D］.南京：南京农业大学，2008.

［19］王文辉，贾晓辉，杜艳民，等.我国梨果生产与贮藏现状、存在的问题与发展趋势［J］.保鲜与加工，2013，13（5）：1-8.

［20］高丽娟，张海娥，徐金涛，等.河北省梨产业现状、存在问题及发展对策［J］.中国南方果树，2018，47（S1）：119-121.

［21］张敬华，崔惠英，张玉星，等.梨树的合理施肥［C］.北京：全国梨科研、生产与产业化学术研讨会，2005.

［22］刘侯俊，巨晓棠，同延安，等.陕西省主要果树的施肥现状及存在问题［J］.干旱地区农业研究，2002，20（1）：38-44.

［23］段顺远.不同施肥处理对河北黄冠梨梨园土壤与叶果氮磷钾养分及产量与品质的影响［D］.重庆：西南大学，2019.

［24］张绍玲.国际梨产业发展现状［J］.农民科技培训，2009（7）：1.

［25］张绍铃.梨学［M］.北京：中国农业出版社，2013.

［26］张绍铃.梨产业研究与应用［M］.北京：中国农业出版社，2010，07.

［27］《中国农村统计年鉴—2017》编辑委员会.中国农村统计年鉴［M］.北京：中国统计出版社，2017.

［28］王文辉.新形势下我国梨产业的发展现状与几点思考［J］.中国果树，2019（04）：4-10.

［29］张微，赵迎丽，王亮，等.冰温贮藏对不同产地玉露香梨果实品质及耐贮性的影响［J］.山西农业科学，2020，48（10）：1665-1670.

［30］高丽娟，张海娥，徐金涛，等.河北省梨产业现状、存在问题及发展对策［J］.中国南方果树，2018，47（S1）：119-121.

［31］赵德英，程存刚，曹玉芬，等.我国梨果产业现状及发展战略研究［J］.江苏农业科学，2010（05）：501-504.

［32］李秀根，杨健，王龙，等.近30年来我国梨产业的发展回顾与展望［J］.果农之友，2009（01）：4-6.

［33］王伟东，王文辉，杨振锋，等.世界梨产业形势及加入世界贸易组织后我国梨发展对策［J］.中国南方果树，2003（01）：56-59.

［34］王田利.我国梨产业发展浅析［J］.山西果树，2013（04）：39-41.

［35］李倩，宋月鹏，高东升，等.我国果园管理机械发展现状及趋势

[J].农业装备与车辆工程，2012（02）：1-3+7.

[36] 何炎森，翁锦周，李瑞美，等.自然生草覆盖对琯溪蜜柚果园土壤养分和果实产量的影响 [J].亚热带农业研究，2005（04）：47-50.

[37] 李会科，张广军，赵政阳，等.渭北黄土高原旱地果园生草对土壤物理性质的影响 [J].中国农业科学，2008（07）：2070-2076.

[38] 黄炎和，杨学震，蒋芳市.侵蚀坡地果园不同生草方式对土壤和果树生长的影响 [J].水土保持学报，2007（02）：111-114.

[39] 宁婵娟，吴国良.梨树体内矿质元素分布变化规律 [J].山西农业科学，2009，37（7）：37-39.

[40] Swietlik D，Faust M. Foliar nutrition of fruit crops [J].Horticultural Reviews，1984，6：287-356.

[41] 徐超，王雪梅，陈波浪，等.不同树龄库尔勒香梨叶片养分特征分析 [J].经济林研究，2016，34（3）：22-29.

[42] 姜远茂，张宏彦，张福锁.北方落叶果树养分资源综合管理理论与实践 [M].北京：中国农业大学出版社，2007.

[43] Velemis D，Almaliotis D，Bladenopoulou S，et al. Leaf nutrient levels of apple orchards in relation to crop yield [J]. Advances in Horticultural Science，1999，13（4）：147-150.

[44] 李红艳.梨营养诊断和平衡施肥技术研究与应用 [D].北京：中国农业大学，2006.

[45] 杨帆，孟远夺，姜义，等.2013年我国种植业化肥施用状况分析 [J].植物营养与肥料学报，2015，1（1）：217-225.

[46] 赵静.土壤酸化对土壤有效养分、酶活性及黄金梨品质的影响 [D].泰安：山东农业大学，2011.

[47] Smith V H，Schindler D W. Eutrophication science：where do we go from here? [J]. Trends in Ecology & Evolution，2009，24（4）：201-207.

[48] Galloway J N，Aber J D，Erisman J W，et al. The Nitrogen cascade [J]. BioScience，2003，53（4）：341-356.

[49] 董彩霞，姜海波，赵静文，等.我国主要梨园施肥现状分析 [J].土壤，2012，44（5）：754-761.

[50] Spiertz J H. Nitrogen，sustainable agriculture and food security. A review [J]. Agronomy for Sustainable Development，2010，30（1）：43-55.

[51] 福锁，王激清，张卫峰，等.中国主要粮食作物肥料利用率现状与提高途径 [J].土壤学报，2008，45（5）：915-924.

第四章　库尔勒香梨树营养与施肥

梨是日常消费水果，是世界分布最广泛的果树，从寒温带到亚热带都有各种品种栽培生产。新疆的库尔勒香梨是全国知名的优质水果，栽培历史已有1400多年。自1995年开始，香梨种植面积每年以0.34万～0.67万 hm²的规模迅速扩展。2002年种植面积已达2.7余万 hm²，产量达20多万吨。近十年面积增加缓慢，但随着水肥管理技术的改善，丰产园数量增加，到2012年新疆香梨的产量已近60万吨。

由于库尔勒地区特定的光、热、水土资源，因此，梨树生长发育正常，产量稳定，果实品质优良，果形端正、脱萼果率高、石细胞较少，所以库尔勒绿洲已成为国内外驰名的库尔勒香梨生产基地。另外，吐鲁番、和田、阿克苏等地区也有少量栽培。目前，中国北方诸省、市如陕西、宁夏、山西、辽宁、北京已引种，它适合于西北较温暖的地区栽植，山西省有部分地区已列为推广项目。

第一节　库尔勒香梨树的营养特性

一、库尔勒香梨树的需肥量

针对库尔勒香梨生产中有机肥施用少，有机质含量较低，纯氮投入量大、利用率低，纯钾及中微量元素投入较少，施肥时期、施肥方式、肥料配比不合理，以及梨园土壤钙、铁、锌、硼等中微量元素的缺乏普遍，尤其是南方地区梨园土壤磷、钾、钙、镁缺乏，土壤酸化严重等问题，我们急需了解库尔勒香梨树的营养特性，确定其合适的需肥量，从而来提高其产量与品质。

（一）库尔勒香梨树施肥应把握以下原则

第一，增加有机肥的施用，果园种植绿肥、覆盖秸秆，培肥土壤；土壤酸化严重的果园施用石灰和有机肥进行改良。

第二，依据库尔勒香梨园土壤肥力条件和库尔勒香梨树生长状况，适当减少氮磷用量，增加钾肥施用，通过叶面喷施补充钙、镁、铁、锌、硼等中微量元素。

第三，结合高产优质栽培技术、产量水平和土壤肥力条件，确定肥料施用时期、用量和元素配比。

第四，优化施肥方式，改撒施为条施或穴施，合理配合灌溉与施肥，以水调肥。

（二）库尔勒香梨树施肥量及方法

第一，产量在 268 kg·hm^{-2} 以上的果园：有机肥 0.2～0.27 方·hm^{-2}，纯氮 25～30 kg，纯磷 8～12 kg，纯钾 20～30 kg。

第二，产量在 134～268 kg·hm^{-2} 的果园：有机肥 0.13～0.2 方·hm^{-2}，纯氮 20～25 kg，纯磷 8～12 kg，纯钾 20～25 kg。

第三，产量在 134 kg·hm^{-2} 以下的果园：有机肥 0.13～0.2 方·hm^{-2}，纯氮 15～20 kg，纯磷 8～12 kg，纯钾 15～20 kg。

土壤钙、镁较缺乏的果园，磷肥宜选用钙镁磷肥；缺铁、锌和硼的果园，可通过叶面喷施浓度为 0.3%～0.5% 的硫酸亚铁、0.3% 的硫酸锌、0.2%～0.5% 的硼砂来改善。根据有机肥的施用量，酌情增减化肥氮钾的用量。全量有机肥、全部的纯磷、50%～60% 氮肥、40% 的钾肥作基肥在库尔勒香梨果采收后的秋季施用，其余的 40%～50% 氮肥和 60% 钾肥分别在 3 月份的萌芽期和 6～7 月份的果实膨大期施用，根据库尔勒香梨树长势的强弱可适当增减追肥的次数和用量。

（三）研究现状及目的

库尔勒香梨果实发育期喷施含钙的叶面肥会影响其细胞壁降解酶的活性，增加细胞硬度，进而影响果实品质。也有研究表明，叶面喷施硼、铜、钙等微量元素肥料有利于促进植物的生长发育。钙元素对保持果实的硬度和降低软果率有一定作用。合理调控矿质营养元素的供给是改善果实品质的重要措施。本试验以库尔勒香梨为材料，研究库尔勒香梨宿萼果果实发育期间质地变化规律，探讨不同叶面肥对库尔勒香梨宿萼果发育过程中果实硬度、组织内含物及其相关酶活性的变化，并分析之间的相关性，以揭示使用叶面肥对库尔勒香梨宿萼果果实硬度及果实品质的影响，为防治果实硬化提供相关理论依据。

1.材料与方法

试验地位于新疆维吾尔自治区阿拉市。供试品种是以杜梨作砧木的24年生库尔勒香梨，长势一致，南北行向。灌溉方式采用漫灌，土壤类型为沙壤土，株行距为3 m×4 m。

选择长势相对一致的10棵库尔勒香梨树为1小区，共计3个小区。对树冠西侧外围中部短果枝上的芽编号挂牌，10棵喷施清水为对照，10棵喷施101叶面肥（国光生产 Ca≥100 g/L，B≥10 g/L），10棵喷施钙镁叶面肥（国光生产 Ca≥160 g/L，Mg≥10 g/L），每棵树喷施2 L。于2020年5月15日开始每隔30 d喷一次，共喷4次。样品对象为库尔勒香梨宿萼果，于6月15日开始采集树冠外围短果枝上的宿萼果果实，每隔15 d上午9：00-12：00进行采样，采样时间分别为S1（6月15日）、S2（7月1日）、S3（7月15日）、S4（8月1日）、S5（8月15日）、S6（9月1日），共采6次样，每个处理各采果实30个。将其置于冰盒中带回实验室，并将果实随机地分成3组，一组用于果实硬度测定；一组液氮速冻，在-80 ℃超低温冰箱保存待测相关指标；另一组用于果肉组织内部物质染色观察。A组处理为喷施清水，B组处理为喷施101叶面肥，C组处理为喷施钙镁叶面肥。

（1）果肉质地的测定

将果实置于物性分析仪台面上，用质构仪测定果实胴部10次，取平均值。参数设置为：力量感应元量程为25，形变百分量为40%，检测速度为1.5 mm·s⁻¹，起始力为0.5 N。得到表征果肉质地情况评价参数：硬度、黏附性、弹性、咀嚼性、胶黏性。

（2）相关酶活性的测定

果胶降解酶活性测定：称取8 g胴部果肉，加入EDTA溶液和PVP（pH=7），研磨成匀浆，转移至25 mL容量瓶中，用该缓冲液冲洗研钵，并将冲洗液转至容量瓶中，用缓冲液定容至刻度，4 ℃下4000 g离心15 min。上清液即为果胶降解酶的粗酶液，后加入果胶和重蒸水，沸水浴中加热5 min。冷却至室温后加入

5 mLNa$_2$CO$_3$溶液、1 mL碘液，加少量硫酸、硫代硫酸钠、淀粉后滴定，记录所消耗Na$_2$CO$_3$毫升数。重复3次。

纤维素酶活性测定：称取8 g胴部果肉，加酶提取液（NaCl，EDTA，PVP）研磨匀浆，然后4 ℃下10000 g离心10 min。取制备好的酶液1 mL，在恒温水浴锅37 ℃预热3 min，再加1% CMC-Na 2 mL，40 ℃恒温反应30 min后加1.5 mL DNS试剂，沸水浴5 min后，用重蒸水定容至10 mL，用分光光度计在540 nm处比色。

淀粉酶活性测定：称取1 g胴部果肉加入1 mL提取液，低温研磨匀浆，加入重蒸水稀释。在4 ℃下8000 g离心10 min，取上清液，置冰上待测。在上清液中加柠檬酸缓冲液和NaOH（pH=7），40 ℃水浴30 min后加入NaOH和二硝基水杨酸，混匀沸水浴显色15 min，冷却测定其吸光度。

脂氧合酶活性测定：量取70 mg的亚油酸钠，70 uL TritonX-100和4 mL无氧水，混匀后，用0.5 moL·L^{-1}的氢氧化钠滴定至溶液澄清，定容至25 mL，-18 ℃保存备用。

粗酶液的提取：称取2.0 g的胴部果肉组织置于提前预冷研钵内，边加液氮边研磨，加入10 mL 4 ℃预冷的50 mmoL·L^{-1}磷酸缓冲液（pH=7.0），在4 ℃下15000 g离心15 min。取上清液用于酶活性的测定。25 uL亚油酸钠母液，2.775 mL柠檬酸-磷酸缓冲液（pH=6.0），0.2 mL酶液，30 ℃水浴，加入酶液，测定并记录234 nm处1 min内吸光值变化。重复3次。

2.结果

库尔勒香梨宿萼果在发育过程中随着成熟度的变化，硬度呈先上升后下降的趋势。不同叶面肥处理后的库尔勒香梨硬度变化趋势大致相同，但不同时期之间差异显著性不同。对照处理后的果实，除了S1与S2之间不存在显著性差异，剩下S2与S3、S3与S4、S4与S5、S5与S6时期均存在显著差异。101叶面肥处理后，S4与S5之间不存在显著性差异，但其S1与S2、S2与S3、S3与S4、S5与S6时期均存在显著差异。钙镁叶面肥处理后，S2与S3、S3与S4、S5与S6时期之间存在显著性差异。比较两种叶面肥处理发现，在S3、S4、S5时期喷钙镁叶面肥处理的果实硬度高于101叶面肥处理的果实硬度，差值为17.9 N、15.1 N、11.8 N。

综合分析，三种不同处理硬度最大峰值在S3，都随果实发育时间先变大后变小，果实成熟期两种叶面肥处理下的果实硬度相差值变小，为11.8 N（图4-1）。

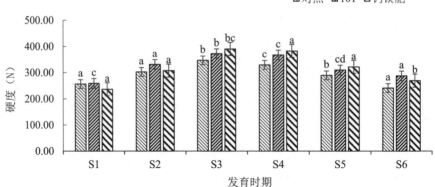

图4-1　不同叶面肥对香梨发育过程中宿萼果果实硬度的影响

　　库尔勒香梨宿萼果在成熟过程中黏附性随着果实的成熟呈先增加后减小又增加的走势（图4-2），对照组处理后的果实，在S1与S2之间存在显著性差异，S3、S4、S5、S6中均不存在显著差异。101叶面肥处理后的果实，在S1与S2之间存在显著性差异，在S3与S4之间存在显著差异，S4与S5之间存在显著差异，S2与S3、S5与S6中均不存在显著差异。钙镁叶面肥处理后的果实，在S1与S2之间存在显著性差异，S2与S3、S3与S4之间存在显著性差异，S5、S6不存在显著差异。101叶面肥处理后库尔勒香梨宿萼果的黏附性最高，其次是对照组，钙镁叶面肥处理后的果实黏附性较其他两组处理略低，从不同叶面肥对库尔勒香梨黏性变化差值来看，在S3时期时差值最大，达到0.1 N·mm^{-1}。

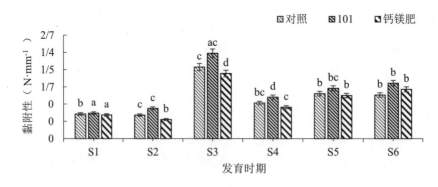

图4-2　不同叶面肥对香梨发育过程中宿萼果果实黏性的影响

　　不同叶面肥处理后，库尔勒香梨宿萼果的弹性随着成熟度的增加呈先增大后减小的趋势（图4-3），对照处理中S1与S2之间存在显著性差异，S3与S4之间存在显著性差异，S5与S6之间不存在显著性差异。101叶面肥中除了S5与S6以外，剩下的S1、S2、S3、S4时期均不存在显著性差异。钙镁叶面肥中除了S1与S2以外，S3、S4、S5、S6时期都不存在显著性差异。整体来看，101叶面肥处理后果实的弹性较高于对照组处理后的果实弹性，钙镁叶面肥处理后果实的弹性最小，果实的弹性在S5时期达到最大值。从S1至S6，101叶面肥与钙镁叶面肥处理后果实弹性的差值最大，为2.0 mm，最小差值为0.3 mm。101叶面肥处理后果实的弹性变化较大。

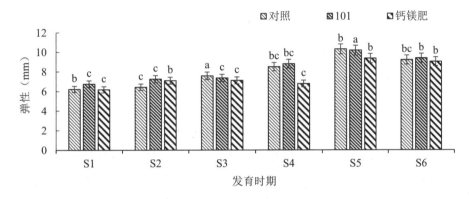

图4-3　不同叶面肥对香梨发育过程中宿萼果果实弹性的影响

库尔勒香梨在发育过程中随着成熟度的增加胶黏性大致呈先增加后降低的趋势（图4-4）。对照处理中，S2与S3、S3与S4、S4与S5、S5与S6之间均存在显著性差异，101叶面肥处理后S2与S3、S3与S4、S4与S5存在显著性差异。钙镁叶面肥处理后各个时期之间均不存在显著性差异，钙镁叶面肥的黏附性高于对照组，对照组的黏性与101叶面肥处理后的黏附性趋势大致相同，钙镁叶面肥与101叶面肥处理后果实胶黏的差值最大，为11.1 N·mm⁻¹、最低为0.6 N·mm⁻¹。钙镁叶面肥与对照组处理后果实胶黏性差值的最大值为10.6 N·mm⁻¹，最小值为1.9 N·mm⁻¹。综合分析，库尔勒香梨宿萼果两种叶面肥中钙镁叶面肥对胶黏性改变的程度高，101叶面肥处理对果实胶黏性的改变程度略低。

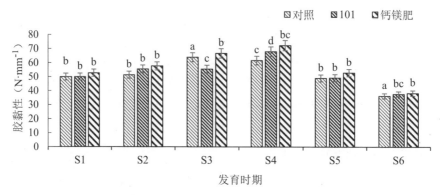

图4-4　不同叶面肥对香梨发育过程中宿萼果果实胶黏性的影响

库尔勒香梨在发育过程中果实的咀嚼性随着成熟度的增加呈先增大后减小的趋势（图4-5），对照组处理后果实的咀嚼性在S1与S2、S4与S5、S5与S6之间存在显著性差异。101叶面肥处理后果实的咀嚼性在S3与S4、S4与S5、S5与S6之间存在显著性差异，钙镁叶面肥理后果实的咀嚼性在S1与S2、S3与S4、S4与S5、S5与S6时期均存在显著性差异。S1、S2、S4时期采用101叶面肥处理的果实咀嚼性优于钙镁叶面肥处理后的果实咀嚼性，差值分别为11.5 mj、31.1 mj、11.8 mj。综合分析，库尔勒香梨宿萼果的咀嚼性最高峰在第四周期，即S4时期。101与钙镁叶面肥处理后果实之间咀嚼性的差异较小，在成熟期，101叶面肥处理后的果实，其咀嚼性要小于钙镁叶面肥处理后的果实。

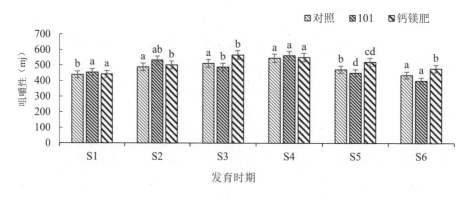

图4-5　不同叶面肥对香梨发育过程中宿萼果果实咀嚼性的影响

从不同叶面肥处理的果实徒手切片染色可发现，钙镁叶面肥处理的果肉淀粉（C-S6）和101（B-S6）叶面肥、对照组相比，具有细胞堆叠层次多、细胞小、排列密等特点；而101叶面肥处理的果肉，其淀粉发生了变化，果肉切片后轻轻按压即可观察到单一层次细胞形态，其中101叶面肥处理的果肉中，单层细胞清晰。从对照处理（A-S5）、101叶面肥处理（B-S5）、钙镁叶面肥处理（C-S5）到对照处理（A-S6）、101叶面肥处理（B-S6）、钙镁叶面肥处理（C-S6）中不难发现淀粉含量随着成熟时期推进而增加，且钙镁叶面肥对淀粉的形成影响有较为明显的促进效果，而101叶面肥对淀粉的形成效果表现为抑制效果（彩图18）。

从不同处理的叶面肥果实徒手切片中发现，钙镁叶面肥处理后的果肉的纤维素含量高于对照组及101叶面肥处理后的果实的纤维素，钙镁叶面肥处理的纤维素如彩图19（C-S6）所示，具有细胞堆叠、层次多、细胞大、排列较密等特点；而101叶面肥处理的果肉的纤维素表现为细胞分散、层次少、细胞较小、排列散乱等特点。果实质地变软、变绵会加剧细胞形态的变化，果肉细胞的排列层次、细胞的变形程度是不同叶面肥对果实的特征表现的影响。从中可以发现钙镁叶面肥对纤维素的形成有促进作用，而101叶面肥对纤维素有抑制的作用（彩图19）。

从不同叶面肥处理的果实的果胶徒手切片中可以看出，随着果实的成熟，果胶的变化由增加到保持平稳。从彩图20（B-S6）不难看出，该时期的果胶高于其他的两个处理A-S6和C-S6时期；101叶面肥处理的果实的果胶具有细胞堆叠、层次多、细胞小、排列密等特点。这些现象表明，果实质地变软、变绵会加剧细胞形态的变化，果肉细胞的排列层次、细胞的变形程度是不同叶面肥处理的果实的特征表现。101叶面肥喷洒的果实的果胶含量相对优于钙镁叶面肥（彩图20）。

胼胝质的沉积是随着果实的成熟而逐渐积累。101叶面肥处理对果实胼胝质的形成效果较为明显，细胞堆叠的面积较大，着色程度较为显著；而钙镁叶面肥处理的果实的胼胝质的形成低于对照的果实胼胝质的形成。综合分析，101叶面肥对胼胝质的沉积有明显的促进效果（彩图21）。

宿萼果果胶酶活性在库尔勒香梨果实发育过程中整体呈现双峰型的变化趋势，在S5时期达到活性最高峰（图4-10）。对照组的果实酶活性低于101叶面肥和钙镁叶面肥处理后的果实酶活性。在S1、S4、S6时期，101叶面肥处理后的果实的酶活性低于对照组处理后的果实的酶活性。钙镁叶面肥的果胶酶活性高于101和对照组，对照组的果胶酶活性低于101叶面肥处理后的酶活性，钙镁叶面肥与101叶面肥处理后果胶酶活性的差值最大为0.0086 U·mL^{-1}、最小值为 0.0012 U·mL⁻¹。钙镁叶面肥与对照组处理后果胶酶活性差值的最大值为 0.0127 U·mL⁻¹，最小值为 0.0036 U·mL⁻¹。综合分析，两种叶面肥中，钙镁叶面肥处理对库尔勒香梨果实的果胶酶活性影响较大，直至果实成熟期，两种叶面肥处理下的果实的果胶酶活性相差值较小。

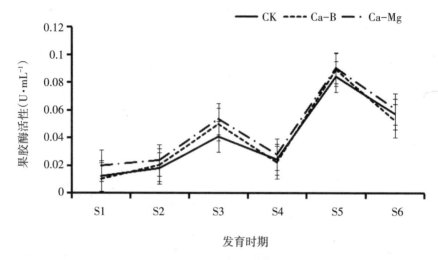

图4-10　不同叶面肥对香梨发育过程中宿萼果果胶酶活性的影响

库尔勒香梨在发育过程中，纤维素酶活性处于一个总体上升趋势，不同叶面肥处理后的果实存在差别，101叶面肥处理后纤维素酶的活性缓慢上升后出现下降后再次上升，钙镁叶面肥处理后纤维素酶活性先上升后缓慢下降，总体趋于稳定（图4-11）。钙镁叶面肥的纤维素酶活性均高于101和对照组处理后的果实酶活性，且酶活性差异较大，前三个时期101叶面肥处理后的纤维素酶活性高于对照组酶活性，后三个时期101叶面肥处理后的纤维素酶活性低于对照组酶活性，钙镁叶面肥与101叶面肥处理后果实酶活性的差值最大为0.6 U·mL⁻¹、最低为0.05 U·mL⁻¹。101叶面肥与对照组处理后果实酶活性差值的最大值为0.2 U·mL⁻¹，最小值为0.04 U·mL⁻¹。

库尔勒香梨发育过程中脂氧合酶的活性呈现先增大后减小的趋势（图4-12）。脂氧合酶活性均在幼果期表现较低，在S3出现活性高峰，之后下降，并维持在较低水平。101叶面肥处理的果实的脂氧合酶活性高于钙镁叶面肥处理的。

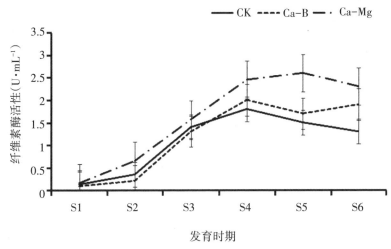

图4-11　不同叶面肥对香梨发育过程中宿萼果纤维素酶活性的影响

　　101叶面肥的脂氧合酶活性均高于钙镁叶面肥和对照组处理后的果实酶活性，且S3时期差异较大，101叶面肥与钙镁叶面肥处理后果实酶活性的差值最大为0.002 U·mL^{-1}，最小为0 U·mL^{-1}。101叶面肥与对照组处理后果实酶活性差值的最大值为0.011 U·mL^{-1}，最小值为0.0001 U·mL^{-1}。钙镁叶面肥与对照组处理后果实酶活性差值的最大值为0.0009 U·mL^{-1}，最小值为0.0001 U·mL^{-1}。

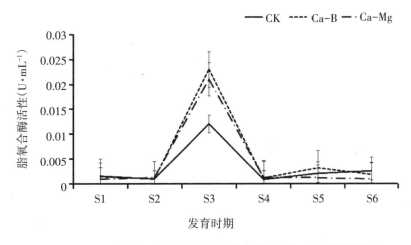

图4-12　不同叶面肥对香梨发育过程中宿萼果脂氧合酶活性的影响

　　库尔勒香梨发育过程中淀粉酶的活性呈先增大后减小再增大再减小的趋势，在S5达到活性最高峰（图4-13）。钙镁叶面肥的淀粉酶活性均高于101

叶面肥和对照组处理后的果实酶活性，且S5时期差异较大，钙镁叶面肥与101叶面肥处理后果实酶活性的差值最大为0.108 U·mL^{-1}，最低为0.0367 U·mL^{-1}。钙镁叶面肥与对照组处理后果实酶活性差值的最大值为0.167 U·mL^{-1}，最小值0.073 U·mL^{-1}。101叶面肥与对照组处理后果实酶活性差值的最大值为0.059 U·mL^{-1}，最小值为0.025 U·mL^{-1}。

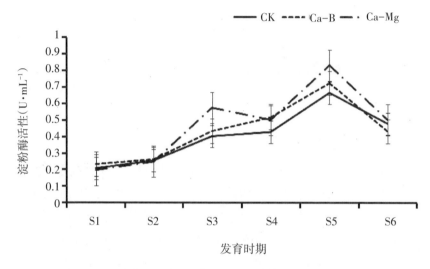

图4-13　不同叶面肥对香梨发育过程中宿萼果淀粉酶活性的影响

相关性分析表明（彩图22），硬度与胶黏性、硬度与咀嚼性、咀嚼性与胶黏性、纤维素酶与黏附性、淀粉酶与黏附性、淀粉酶与纤维素酶、果胶酶与淀粉酶、果胶酶与纤维素酶都成极显著相关；硬度与黏附性、弹性与果胶酶成显著相关，相关系数分别为0.47、0.50；胶黏性与黏附性呈显著负相关，相关系数为-0.39；硬度与弹性、淀粉酶、果胶酶、脂氧合酶相关性较小，相关系数分别0.45、0.34、0.01、0.20；弹性与黏附性、胶黏性、咀嚼性、纤维素酶、果胶酶、脂氧合酶的相关性较小，相关系数分别为0.35、0.03、0.08、0.46、0.47、0.31；胶黏性与纤维素酶、淀粉酶、脂氧合酶的相关性较小，相关系数分别为0.13、0.01、0.31；咀嚼性与纤维素酶、淀粉酶、脂氧合酶的相关性较小，相关系数为0.33、0.22、0.18；纤维素酶与脂氧合酶相关性较小，相关系数为0.06。

库尔勒香梨因其香脆的口感使其在梨果市场中创造了巨大的经济效益，但果肉硬化症极大地影响了库尔勒香梨的果实品质，制约着库尔勒香梨的发展和推广。实验通过质构仪测定不同叶面肥处理后的果实品质，同时分析了果实成熟过程中相关降解酶活性的变化。结果表明,钙镁叶面肥(国光生产 $Ca \geqslant 160 g \cdot L^{-1}$,$Mg \geqslant 10 g \cdot L^{-1}$)处理后果实的质地性状更好,果实的降解酶活性变化也优于其他处理。因此,在库尔勒香梨的生长发育过程中适时地喷施钙镁叶面肥可以有效地防治果肉硬化,提高果实品质,在生产实践中具有一定的应用价值与推广前景。

二、库尔勒香梨树不同生育期需肥特点

(一)库尔勒香梨树不同树龄时期的需肥特性

库尔勒香梨树自幼树开始,直至整个植株死亡的全过程,叫作生命周期。生命周期按不同阶段的变化规律,又可分为生长期、生长结果期、盛果期和衰老期4个年龄时期。

生长期:从苗木嫁接开始到开花结果前为库尔勒香梨树的生长期。此期持续很短,一般为2~5年。在此时期内,库尔勒香梨树从定植到成活,主要任务就是树冠和根系强烈地进行加长和加粗生长。地下部和地上部迅速扩大,为迅速转入开花结果创造条件。栽培管理和施肥的主要任务是促进库尔勒香梨树营养生长,加大枝叶量,尽快进入生长结果期。有计划地深翻改土,重视施用有机肥,主要施用铵肥和磷肥。

生长结果期:也叫初果期,此期库尔勒香梨树仍然旺盛生长,继续扩大树冠,逐渐形成大量花芽,产量持续上升。根系生长也不断向纵深伸长和水平扩张。初果期树势强,果实个大,肉质稍粗。这个时期施肥管理的主要任务是保证植株良好生长,增大枝叶量,培养骨干枝,尽快过渡到盛果期。此期特点是继续深翻改土,增施有机肥,补充氮、磷、钾和微量元素等。

盛果期:库尔勒香梨树大量结果时期,相对稳产高产。此期根系和树冠扩大到最大限度,产量和效益达到高峰。此期是果树全生育期需肥量最高、灌水、植保、修剪等管理要求严格的时期,特别要注意稳定树势和避免大小年结果现象的发生。需肥的特点是按树势和计划产量计算施肥量。

衰老更新期:该期是库尔勒香梨树全生育期的最后阶段,产量开始下降,新梢生长量很小,内部结果枝大量死亡,骨干枝衰老焦梢,基部易萌发徒长枝。此期施肥的主要任务是促进营养生长,更新结果枝,尽快恢复树冠,应加大氮肥供应量。如果骨干枝枯,树势极度衰弱,更新恢复能力差,应拔除淘汰。

（二）库尔勒香梨树年周期的需肥规律

库尔勒香梨树在一年中生长发育的规律变化，称之库尔勒香梨树的年周期。年周期中生命活动表现最明显的2个阶段：即生长期和休眠期。生长期是指春季萌芽、展叶、开花、结果、枝条生长、花芽分化和形成、果实发育、成熟、休眠等一系列地上部形态的变化。休眠期是指从落叶后到翌年春季萌芽为止。在休眠期时，库尔勒香梨树仍进行着微弱的呼吸、蒸腾、吸收、合成等生命活动。库尔勒香梨年周期中生长发育的几个重要时期也是营养关键的时期，应及时满足所需的营养条件。库尔勒香梨树生长前期萌芽、发枝、展叶、坐果、成花，需氮素最多；生长中期和果实膨大期，钾的需要量增大，80%以上的钾是在此期吸收的；磷的吸收生长初期最少，花期后逐渐增多趋于平衡，全年没有明显的吸收高峰。

第二节　库尔勒香梨树的施肥技术

一、库尔勒香梨树施肥环节与方法

库尔勒香梨园合理施肥，可为其生长发育提供良好的物质条件。施肥量、肥料种类及配合比例、施肥时间差异都对果品质量产生直接影响。如施肥过多，就会造成树体过旺、不爱结果、果个偏大、味偏酸、皮厚、着色不好、易感病等现象；如施肥过少，就会造成树势弱、产量低、枝干易感病害等。总的来说，施肥的多少要根据树势、地势、土壤肥力来确定，追肥的多少也要根据树势、土壤肥力、结果量的多少来确定。根据多年经验，每年要进行秋施基肥、花前追肥和果实膨大前追肥等步骤。

（一）秋施基肥

秋施基肥要以有机肥为主，化肥为辅。强树少施，中庸树适当，偏弱树多施，极弱树少施。强树少施能缓和树势，中庸树适当施，避免树势返旺，偏弱树多施，使树体恢复中庸，弱树根系吸收能力极差，多施肥会造成浪费。

1.有机肥品种和施用量

鸡粪肥力过大，不宜多施，多施会造成果品质量下降，一般每产50 kg果施腐熟鸡粪25 kg，再配以1 kg高氮复合肥为宜。牛粪肥力较小，每产50 kg果需100～150 kg，再追加1 kg高氮复合肥为宜。猪粪比较平和，每产50 kg果需施50～75 kg，加1 kg高氮复合肥为宜。羊粪、兔粪、鹿粪等与猪粪大致相同，绿肥、山皮土等，数量不限越多越好，也可在有机肥当中加施1.5 kg过磷酸钙。

2.秋施肥的时期与方法

施肥时期。采果前一星期至落叶前进行，此期正值库尔勒香梨树根系第二次生长高峰，叶片所制造的光合产物为树体提供大量贮存营养，伤根容易愈合，可为来年树体正常生长和结果打基础。

②施肥方法。树冠外梢垂直投影内外各0.5 m处挖0.5 m深条状沟施。

（二）花前追肥

秋天未施肥的果园，可在土壤刚解冻时挖30～40 cm沟施有机肥加氮磷钾（1：0.5：1），复合肥加硝酸钙、饼肥，其量为50 kg+1 kg+（0.5～1）kg。如果单一施用化肥，可用氮磷钾（1：0.5：1）加复合肥2.5 kg加硝酸钙0.5 kg加豆粕肥1 kg，也可用生物有机肥5 kg加硝酸钙500 g加豆粕肥1 kg施用。（已经秋施基肥的这次肥可不施）。

（三）5月末6月初追肥

上年秋施肥的，可在这一时期根据果量大小确定是否追肥，如结果多可适当多施一点，结果少可适当少施或不施，所施肥料与花前追肥相同（如花前追过肥的此次肥可不施）。施肥方法：挖20～25 cm条状沟施（注意沟不要挖过深以免伤根太重）。

（四）果实膨大前期追肥

果实膨大前期追肥施用时间应在6月末7月初。花前追肥的果园，可在这一时期根据结果量来确定，如结果量大，50 kg果可选用尿素500 g或氢铵1 kg加50%硫酸1 kg，如以前未加硝酸钙和豆粕肥的可补加。施肥方法：挖20～25 cm沟施入，挖沟不宜过深，以免伤根不易愈合。结果量小的可适当少施或不施。

二、库尔勒香梨树诊断施肥

库尔勒香梨树缺氮症状：在生长期缺氮，叶呈黄绿色，老叶转变为橙红色或紫色，花及果实都少，果小但着色很好。发生原因为土壤瘠薄，管理粗放。缺肥和杂草丛生的果园易缺氮，在沙质土上种值的幼树，生长迅速时，若遇大雨，几天内即表现出缺氮症。防治方法：秋施基肥，配合施氮素化肥如硫铵、尿素等，生长期可土施速效氮肥2～3次，也可用0.5%～0.8%尿素溶液喷布树冠。

库尔勒香梨树缺磷症状：叶小而薄，枝条细弱，叶柄及叶背的叶脉呈紫红色，新梢的末端枝叶较明显。严重缺磷时，老叶上先形成黄绿色和深绿色相间的花叶，很快脱落。发生原因为土壤本身有效磷不足，特别是碱性土壤中，磷易被固定，降低了磷的有效性。长期不施有机肥或磷肥，偏施氮肥，也会造成缺磷。防治方法：对缺磷果树，于展叶后，叶面喷施磷酸或过磷酸钙。要注意磷酸施用过多时，可以引起植株缺铜、缺锌等。

库尔勒香梨树缺钾症状：叶缘呈深棕色或黑色，逐渐枯焦，枝条生长不良，果实常呈不熟状态。发生原因为沙质土或有机质少的土壤上，易表现缺钾症。防治方法：增施有机肥，如厩肥或草秸。果园缺钾时，于6～7月可追施草木灰、氯化钾或硫酸钾等化肥，或叶面喷施0.3%的磷酸二氢钾。

库尔勒香梨树缺铁症状：多从新梢的顶端幼嫩叶片开始，初期叶肉先变黄，叶脉两侧仍为绿色，叶呈绿色网纹状，新梢顶端叶片较小（彩图23）。随着病势的发展，黄化程度逐渐加重，甚至全叶呈黄白色，叶缘产生褐色枯焦的斑块，最后全叶枯死而早落。严重缺铁时，新梢顶端枯死。发病原因为在碱性或盐碱重的土壤里，大量可溶性的二价铁被转化为不溶性的三价铁盐而沉淀，铁不能被植物吸收利用。因此，在盐碱地和含钙质较多的土壤容易引起黄叶病。地下水位高的土地，土壤盐分常随地下水积于地表易发生黄叶病。防治方法：加强果园的综合管理，做好灌水工作，控制盐分上升，减少表土中含盐量。进行土壤管理，增施有机肥，改良土壤，解放土壤中的铁元素，同时，适当补充可溶性铁素化合物，以减少黄叶病的危害。发病严重的果树，发芽前可喷0.3%～0.5%的硫酸亚铁溶液或硫酸铜、硫酸亚铁和石灰混合液，可控制病害发生。用0.05%～0.1%的硫酸亚铁溶液，树干注射，也有一定的效果。

库尔勒香梨树缺锌症状：缺锌又称香梨小叶病，一般与香梨缺铁病同时发生。病树春季发芽较晚，抽叶后，生长停滞，叶片狭小，叶缘向上，叶呈淡黄绿色或浓淡不均，病枝节间缩短，形成簇生小叶，花芽少，花朵小而色淡，不易坐果，严重者叶片从新梢的基部逐渐向上脱落，只留顶端几簇小叶，形成光枝现象。发病原因为土壤呈碱性，在碱性土壤中锌盐常易转化为难溶状态，不易被植物吸收。

有机物和土壤水分过少时也易发生缺锌。防治方法：增施有机肥，改良土壤。结合秋季和春季施基肥，每株大树施用0.5 kg硫酸锌，第二年见效，持效期较长。在春季芽露白时喷1%硫酸锌溶液，当年效果较好。

库尔勒香梨树缺硼症状：缺硼时，多在果肉的维管束部分发生褐色凹斑，组织坏死，味苦。发生原因为土壤瘠薄，沙质地果园易发生。石灰质较多时，土壤中硼易被钙固定。防治方法：合理施肥，增施有机肥，改良土壤，对瘠薄地进行深翻。库尔勒香梨树开花前、开花期和落花后喷3次0.5%的硼砂液。结合施基肥，每株大树施硼砂100～150 g，用量不可过多，施肥后立即灌水，以防产生药害。

库尔勒香梨树缺钙症状：在新梢生长至6～30 cm时，即形成顶芽而停止生长，顶端嫩叶上形成褪绿斑，叶尖及叶缘向下卷曲，经1～2 d后，褪绿部分变成暗褐色，并形成枯斑。症状可逐渐向下部叶片扩展。地下部幼根逐渐死亡，在死根附近又长出许多新根，形成粗短且多分枝的根群。发病原因主要是土壤含钙量少。土壤中如果氮、钾、镁较多时，也容易缺钙。防治方法：叶面喷洒硝酸钙或氯化钙。在氮较多时，应喷氯化钙。喷布硝酸钙或氯化钙都易造成药害，其安全浓度为0.5%。对易发病树一般喷4～5次，最后一次在采收前3周喷为宜（彩图24）。

参考文献

［1］白由路.植物营养与肥料研究的回顾与展望［J］.中国农业科学，2015，48（17）：3477-3492.

［2］徐季娥，林裕益，吕瑞江，等.鸭梨秋施^{15}N-尿素的吸收与分配［J］.园艺学报，1993（02）：145-149.

［3］崔佩佩，丁玉川，焦晓燕，等.氮肥对作物的影响研究进展［J］.山西农业科学，2017，45（4）：663-668.

［4］李赛慧.梨树平衡施肥技术［J］.现代园艺，2006（10）：15-16.

［5］李晶.供氮水平等对中间砧苹果碳氮营养利用、分配特性影响的研究［D］.泰安：山东农业大学，2013.

［6］丁易飞.不同施氮水平对砂梨生长及糖代谢的影响研究［D］.南京：南京农业大学，2016.

［7］彭福田，姜远茂，顾曼如，等.落叶果树氮素营养研究进展［J］.果树学报，2003（01）：54-58.

［8］张彦昌，赵德英.果树氮素贮藏营养研究进展［J］.山西农业科学，2009，36（01）：88-91.

［9］葛世康.依据果树营养特点采用栽培措施［J］.果农之友，2007（12）：33.

［10］李文庆，张民，束怀瑞.氮素在果树上的生理作用［J］.山东农业大学学报：自然科学版，2002（1）：96-100.

［11］Neto C B，Carranca C，Clemente J，et al. Assessing the nitrogen nutritional status of young non-bearing, rocha pear trees grown in a Mediterranean region by using a chlorophyll meter［J］. Journal of Plant Nutrition，2011，34（5）：627-639.

［12］EI-Jendoubi H，Abadía J，Abadía A. Assessment of nutrient removal in bearing peach trees（Prunus persica L. Batsch）based on whole tree analysis［J］. Plant &Soil，2013，369（1-2）：421-437.

［13］刘秀春.南果梨养分吸收积累分配特征与施肥调控研究［D］.北京：中国农业大学，2015.

［14］Frak E，Roux X L，Millard P，et al. Spatial distribution of leaf nitrogen and photosynthetic capacity within the foliage of individual trees：disentangling the effects of local light quality，leaf irradiance and transpiration［J］. Journal of Experimental Botany, 2002, 53 (378): 2207-2216.

[15] 柴仲平.不同缺素处理对库尔勒香梨果实品质的影响 [J].中国农学通报, 2013, 29 (28): 179-182.

[16] 柴仲平, 王雪梅, 蒋平安, 等.氮、磷、钾配施对库尔勒香梨长势与产量的影响 [J].核农学报, 2013, 27 (7): 1048-1053.

[17] 柴仲平, 王雪梅, 陈波浪, 等.不同氮磷钾施肥配比对库尔勒香梨果实品质的影响 [J].经济林研究, 2013, 31 (3): 154-157.

[18] 柴仲平, 王雪梅, 蒋平安, 等.氮磷钾配方施肥对库尔勒香梨果7种重要元素含量的影响 [J].西部林业科学, 2012, 41 (6): 20-25.

[19] 冯焕德, 李丙智, 张林森, 等.不同施氮量对红富士苹果品质、光合作用和叶片元素含量的影响 [J].西北农业学报, 2008, 17 (1): 229-232.

[20] 陈磊, 伍涛, 张绍铃, 等.丰水梨不同施氮量对果实品质形成及叶片生理特性的影响 [J].果树学报, 2010, 27 (06): 871-876.

[21] 崔兴国, 马光.不同尿素施用量对鸭梨产量和品质的影响 [J].北方园艺, 2013 (11): 165-167.

[22] 杨杰, 杨喜珍, 王丽娟, 等.果树磷素营养综合管理 [J].西藏农业科技, 2015, 37 (04): 5-11.

[23] 侯岑.梨树矿质元素分布特征及营养诊断研究 [D].南京: 南京农业大学, 2012.

[24] 黄建国.植物营养学 [M].北京: 中国林业出版社, 2004.

[25] 李凤格.磷肥在果园的施用技术 [J].农村科技开发, 1998 (11): 15.

[26] 江国廷.浅析果树的营养特点与配方施肥 [J].现代农业科技, 2007, (12): 49.

[27] 杨杰, 杨喜珍, 王丽娟, 等.果树磷素营养综合管理 [J].西藏农业科技, 2015 (4): 5-11.

[28] 刘世亮, 介晓磊, 李有田, 等.不同磷源在石灰性土壤中的供磷能力及形态转化 [J].河南农业大学学报, 2002 (04): 370-373.

[29] 刘建玲, 张凤华.土壤磷素化学行为及影响因素研究进展 [J].河北农业大学学报, 2000 (03): 36-45.

[30] 施木田, 陈少华.园艺植物营养与施肥技术 [M].厦门: 厦门大学出版社, 2002, 9: 26.

[31] 徐爱春, 李保国, 齐国辉.苹果矿质营养研究进展 [J].河北林果研究, 2003 (04): 368-376.

[32] 张春胜, 王钟经, 姜广仁, 等.氮磷钾对莱阳茌梨产量与品质影响的

.莱阳农学院学报，1992（03）：226-230.

[ ] 谢海霞，陈冰，文启凯，等.氮、磷、钾肥对"全球红葡萄"产量与 影响 [J] .北方园艺，2005（04）：73-74.

[34] 刘宏丰.提高苹果质量的途径 [J] .烟台果树，2006（03）：1-2.

[35] 孙霞，柴仲平，蒋平安，等.水氮耦合对苹果光合特性和果实品质的 响 [J] .水土保持研究，2010，17（06）：271-274.

[36] 李六林，宋宇琴，李洁，等.梨水分生理研究进展 [J] .河北农业科学，2015，19（06）：34-39.

[37] 孙慧珍，李海朝.梨园不同尺度耗水量对比研究 [J] .生态学杂志，2009，28（04）：768-770.

[38] 王伟军，王红，张爱军，等.不同灌溉保墒措施对杏园土壤水分动态及耗水量的影响 [J] .北方园艺，2011（12）：1-4.

[39] 王志平，周继华，张立秋，等.环绕滴灌施肥对苹果产量、品质和水分利用的影响 [J] .中国园艺文摘，2013，29（04）：1-3.

[40] 徐典保.2012年黄冠梨沟灌、滴灌灌溉制度试验总结 [J] .农业科技与信息，2013（05）：13-14.

[41] 邓忠，翟国亮，冯俊杰，等.滴灌方式下库尔勒香梨生长特性及产量和品质试验研究 [C] //现代节水高效农业与生态灌区建设（上），2010：393-401.

[42] 晏清洪，王伟，任德新，等.不同微灌方式对成龄库尔勒香梨生长及耗水规律的影响 [J] .灌溉排水学报，2011，30（03）：86-89+99.

[43] 臧小平，韩丽娜，马蔚红，等.不同滴灌施肥方式对海南香蕉生长和产量的影响 [J] .中国农学通报，2014，30（07）：214-218.

[44] 李建平，高迎，王鹏飞，等.山地果园灌溉施肥轻简技术模式研究 [J] .农机化研究，2016，38（08）：87-91.

[45] 武慧云.滴灌技术在樱桃设施栽培中的应用 [J] .乡村科技，2018（33）：97-98.

[46] 杨依凡，涂攀峰，邓兰生，等.滴灌下根区交替灌溉在葡萄上的应用研究进展 [J] .安徽农学通报，2020，26（20）：52-54.

[47] 彭永宏，章文才.猕猴桃生长与结实的适宜需水量研究 [J] .果树科学，1995（S1）：50-54.